학습 스케줄표

공부한 날짜를 쓰고 학습한 후 부모님·선생님께 확인을 받으세요.

4주 28일 완성

1주

	쪽수	공부한 날	확인
준비	6~9쪽	월 일	확인
1일	10~13쪽	월 일	확인
2일	14~17쪽	월 일	확인
3일	18~21쪽	월 일	확인
4일	22~25쪽	월 일	확인
5일	26~29쪽	월 일	확인
평가	30~33쪽	월 일	확인

2주

	쪽수	공부한 날	확인
준비	36~39쪽	월 일	확인
1일	40~43쪽	월 일	확인
2일	44~47쪽	월 일	확인
3일	48~51쪽	월 일	확인
4일	52~55쪽	월 일	확인
5일	56~59쪽	월 일	확인
평가	60~63쪽	월 일	확인

3주

	쪽수	공부한 날	확인
준비	66~69쪽	월 일	확인
1일	70~73쪽	월 일	확인
2일	74~77쪽	월 일	확인
3일	78~81쪽	월 일	확인
4일	82~85쪽	월 일	확인
5일	86~89쪽	월 일	확인
평가	90~93쪽	월 일	확인

4주

	쪽수	공부한 날	확인
준비	96~99쪽	월 일	확인
1일	100~103쪽	월 일	확인
2일	104~107쪽	월 일	확인
3일	108~111쪽	월 일	확인
4일	112~115쪽	월 일	확인
5일	116~119쪽	월 일	확인
평가	120~123쪽	월 일	확인

Chunjae
Makes
Chunjae

▼

기획총괄	박금옥
편집개발	윤경옥, 박초아, 김연정, 김수정
	임희정, 조은영, 이혜지, 최민주
디자인총괄	김희정
표지디자인	윤순미, 김지현, 심지현
내지디자인	박희춘, 우혜림
제작	황성진, 조규영

발행일	2022년 11월 1일 초판 2022년 11월 1일 1쇄
발행인	(주)천재교육
주소	서울시 금천구 가산로9길 54
신고번호	제2001-000018호
고객센터	1577-0902

초등 문해력

독해가 힘이다

2-A 문장제 수학편

주별 Contents «

이 책의 구성과 특장

요즘 학생들은 책보다 스마트폰에 빠져 있고 모르는 어휘도 많아서 글을 읽고 이해하는 능력, 즉 문해력이 부족한 경우가 많아요.

수학 문제도 3줄이 넘어가면 아이들이 읽기 힘들어 하고 무슨 뜻인지 이해하지 못하는 경우가 많지요. 그래서 수학 문제를 푸는 데에도 문해력이 필요해요!

〈초등문해력 독해가 힘이다 문장제 수학편〉은
읽고 이해하여 문제해결력을 강화하는 수학 문해력 훈련서입니다.

매일 4쪽씩, 28일 학습으로
자기 주도 학습이 가능 해요.

≪ 수학 문해력을 기르는
준비 학습

준비학습 문해력 기초 다지기
〔문장제에 적용하기〕

◇ 연산 문제가 어떻게 문장제가 되는지 알아봅니다.

1 19+24

>> 19보다 24만큼 더 큰 수는 얼마인가요?

식 _____ 19+24=

답 _____

2 51+66

>> 붕어빵 가게에서 팥 붕어빵이 51개 팔렸고, 슈크림 붕어빵이 66개 팔렸습니다.
팔린 붕어빵은 모두 몇 개인가요?

식 _____

답 _____ 개

3 87+25

>> 밤을 정아는 87개 주웠고,
민하는 정아보다 25개 더 많이 주웠습니다.
민하가 주운 밤은 몇 개인가요?

식 _____

답 _____ 개

준비학습 문해력 기초 다지기
〔문장 읽고 문제 풀기〕

◇ 간단한 문제를 풀어 봅니다.

1 축구는 11명이 한 팀을 이루고,
야구는 9명이 한 팀을 이룹니다.
한 팀에 축구는 야구보다 몇 명 더 많은가요?

식 _____   답 _____

2 하프의 줄은 47개이고,
거문고의 줄은 6개입니다.
하프와 거문고의 줄은 모두 몇 개인가요?

식 _____   답 _____

3 딸기가 50개 있습니다.
이 중에서 12개를 먹었다면
남은 딸기는 몇 개인가요?

식 _____   답 _____

문장제에 적용하기

연산, 기초 문제가 어떻게 문장제가 되는지 알아봐요.

문장 읽고 문제 풀기

이번 주에 풀 문장제 유형의 가장 단순한 문장제를 풀면서 기초를 다져요.

《 수학 문해력을 기르는

1일~4일 학습

문제 속 핵심 키워드 찾기 → **전략 세우기** → 전략에 따라 문제 풀기 → 문해력 레벨업 으로 이어지는 학습법

관련 단원 덧셈과 뺄셈

문해력 문제 2

주차장에 *전기 차 충전기를 설치했습니다.
5월에는 4월보다 37대 더 많이 설치했고/
5월에 설치한 충전기는 91대입니다./
4월에 설치한 충전기는 몇 대인가요?
└ 구하려는 것

해결 전략

주어진 조건을 그림으로 나타내면

4월	37대 더 많이	5월
■대	+37	91대

📘 문해력 백과
전기 차: 전기의 힘으로 움직이는 자동차

4월에 설치한 충전기의 수를 구하려면

❶ 위의 그림을 보고 덧셈식을 쓴 후

❷ 위 ❶에서 쓴 덧셈식을 뺄셈식으로 바꾸어 계산한다.

문제 풀기

❶ 모르는 수를 ■로 하여 덧셈식 쓰기

4월에 설치한 충전기의 수를 ■대라 하면

■ + ☐ = 91이다.

❷ ■의 값을 구하여 4월에 설치한 충전기의 수 구하기
── 중 알맞은 것 쓰기

■ = 91 ◯ 37, ■ = ☐ 이므로

4월에 설치한 충전기는 ☐ 대이다.

답 _____

문해력 레벨업

모르는 수를 ☐로 하여 주어진 조건을 덧셈식이나 뺄셈식으로 나타내자.

예 귤은 배보다 3개 더 많고 귤이 8개 있을 때			예 배는 귤보다 3개 더 적고 배가 5개 있을 때		
배	3개 더 많다	귤	귤	3개 더 적다	배
☐개	+3	8개	☐개	−3	5개

➜ 덧셈식: ☐+3=8

➜ 뺄셈식: ☐−3=5

문제 속 핵심 키워드 찾기

문제를 끊어 읽으면서 핵심이 되는 말인 주어진 조건과 구하려는 것을 찾아 표시해요.

전략 세우기

찾은 핵심 키워드를 수학적으로 어떻게 바꾸어 적용해서 문제를 풀지 전략을 세워요.

전략에 따라 문제 풀기

세운 해결 전략 ❶ → ❷ → ❸의 순서에 따라 문제를 풀어요.

문해력 레벨업

수학 문해력을 한 단계 올려주는 비법 전략을 알려줘요.

문해력 문제의 풀이를 따라

쌍둥이 문제 → 문해력 레벨 1 → 문해력 레벨 2 를
차례로 풀며 수준을 높여가며 훈련해요.

《 수학 문해력을 기르는

5일 학습

HME 경시 기출 유형, 수능대비 창의·융합형 문제를 풀면서 수학 문해력 완성하기

세 자리 수

세 자리 수는 수를 셀 때나 금액이 얼마인지 알아볼 때와 같이 여러 상황에서
많이 사용되고 있어요.
각 자리 숫자를 알아보거나, 자릿값 구하기, 수의 크기를 비교하기, 수를
뛰어 세기 등 배운 내용을 생각하여 문제를 해결해 봐요.

이번 주에 나오는 어휘 & 지식백과 🔍

11쪽 **텃밭**
집에 딸려 있거나 집 가까이에 있는 밭

13쪽 **친환경** (親 친할 친, 環 고리 환, 境 지경 경)
자연환경을 오염시키지 않고 자연 그대로의 환경과 잘 어울리는 것

19쪽 **박물관** (博 넓을 박, 物 물건 물, 館 집 관)
다양한 분야의 자료를 모아서 보존하고, 진열하고 알리는 곳

21쪽 **달러** (dollar)
우리나라 돈의 단위인 '원'과 같이 미국에서 사용하는 돈의 단위

25쪽 **벼룩시장** (벼룩 + 市 저자 시, 場 마당 장)
사람들이 사용하던 물건을 사고파는 시장

28쪽 **축**
오징어를 묶어 세는 단위. 한 축은 오징어 20마리이다.

28쪽 **톳**
김을 묶어 세는 단위. 한 톳은 김 100장이다.

28쪽 **거리**
오이나 가지를 묶어 세는 단위. 한 거리는 오이나 가지 50개이다.

○ 기초 문제가 어떻게 문장제가 되는지 알아봅니다.

1 | | | | | | | | | | |

➡ 나타내는 수: ☐

>> **10**이 **10**개인 수는 얼마인가요?

답 _____

2

➡ 나타내는 수: ☐

>> **100**이 **1**개, **10**이 **2**개, **1**이 **5**개인 수는 얼마인가요?

답 _____

3 **100**이 **3**개인 수는

☐ 입니다.

>> 연필이 한 상자에 **100**자루씩 **3**상자 있습니다.
연필은 **모두 몇** 자루인가요?

꼭! 단위까지
따라 쓰세요.

답 _____ 자루

4 **100**이 **2**개, **10**이 **4**개,
1이 **7**개인 수는

☐ 입니다.

>> 가게에 아이스크림이 **100**개씩 **2**상자, **10**개씩 **4**묶음,
낱개로 **7**개 있습니다.
아이스크림은 **모두 몇** 개인가요?

답 _____ 개

5 10씩 뛰어 세기

| 120 | 130 | 140 |

 120부터 **10**씩 **4**번 뛰어 세면 얼마가 되나요?

답 _____

6 더 큰 수에 ○표 하기

| 420 | 380 |
(   )   (   )

학생 수가 유빈이네 마을은 **420**명, 지석이네 마을은 **380**명입니다.
학생 수가 **더 많은** 마을은 누구네 마을인가요?

답 [   ]이네 마을

7 더 작은 수에 △표 하기

| 229 | 220 |
(   )   (   )

과녁 맞히기 놀이에서
재영이는 **229**점을 받았고,
상현이는 **220**점을 받았습니다.
점수가 더 낮은 사람은 누구인가요?

답 _____

문해력 기초 다지기

◯ 간단한 문장제를 풀어 봅니다.

1 한 상자에 **100개**씩 들어 있는 빵이 **7상자** 있습니다.
빵은 모두 몇 개인가요?

풀이 100이 ☐ 개인 수 ➡ ☐

답 _____

2 공책이 **100권**씩 **2상자**, **10권**씩 **3묶음**, 낱개로 **5권** 있습니다.
공책은 모두 몇 권인가요?

풀이 100이 2개, 10이 ☐ 개, 1이 ☐ 개인 수 ➡ ☐

답 _____

3 사탕이 **100개**씩 **5상자**, **10개**씩 **2묶음**, 낱개로 **1개** 있습니다.
사탕은 모두 몇 개인가요?

풀이

답 _____

4 **500**부터 **100**씩 **4**번 뛰어 센 수를 구하세요.

풀이 | 500 | | | | |

답 _____

5 **780**부터 **10**씩 **5**번 뛰어 센 수를 구하세요.

풀이 | 780 | | | | | |

답 _____

6 재우네 학교 1학년 학생은 **160**명이고, 2학년 학생은 **185**명입니다.
1학년과 2학년 중에서 **학생 수가 더 많은 학년**은 몇 학년인가요?

풀이 160 ◯ 185이므로 학생 수가 더 많은 학년은 ☐ 학년이다.

답 _____

7 사진 폴더에 음식 사진이 **780**장, 여행 사진이 **786**장 있습니다.
음식 사진과 여행 사진 중에서 **어느 사진이 더 많나요?**

풀이

답 _____ ☐ 사진

수학 문해력 기르기

문해력 문제 1

예성이네 학교 선생님께서/
학생 **100**명에게/ 연필을 한 자루씩 나누어 주려고 합니다./
연필이 **80**자루 있다면/
더 준비해야 하는 연필은 몇 자루인가요?
└ 구하려는 것

해결 전략

╭ 더 준비해야 하는 연필의 수를 구하려면 ╮

❶ 필요한 연필의 수는 지금 있는 연필 수보다 얼마만큼 더 큰 수인지 구한다.

🎓 문해력 핵심

100명에게 연필을 한 자루씩 나누어 주어야 하므로 필요한 연필은 100자루이다.

❷ 위 ❶에서 구한 수가 더 준비해야 하는 연필의 수가 된다.

문제 풀기

❶ 100은 80보다 [   ]만큼 더 큰 수이다.

❷ 더 준비해야 하는 연필은 [   ]자루이다.

답 _____

문해력 레벨업

더 준비해야 하는 양을 구하려면 필요한 양이 지금 있는 양보다 얼마만큼 더 큰 수인지 구하자.

┄┄┄ 필요한 양(100개) ┄┄┄

┄┄┄ 지금 있는 양(90개) ┄┄┄   ↑ 더 준비해야 하는 양

➜ **100**은 **90**보다 **10**만큼 더 큰 수이므로 더 준비해야 하는 양은 **10**개이다.

쌍둥이 문제

1-1 규민이네 베란다 ※텃밭에서 키운 방울토마토를/ 오늘부터 내일까지 총 100개를 따려고 합니다./ 오늘 딴 방울토마토가 60개라면/ 내일 따야 하는 방울토마토는 몇 개인가요?

따라 풀기 ❶

문해력 어휘
텃밭: 집에 딸려 있거나 집 가까이에 있는 밭

❷

답 _____

문해력 레벨 1

1-2 칭찬 붙임딱지를 준혁이는 70장,/ 은우는 95장 모았습니다./ 두 사람이 각자 칭찬 붙임딱지를 100장씩 모으려면/ 몇 장씩 더 모아야 하나요?

스스로 풀기 ❶ 준혁이가 더 모아야 하는 칭찬 붙임딱지 수 구하기

❷ 은우가 더 모아야 하는 칭찬 붙임딱지 수 구하기

답 준혁: _____, 은우: _____

문해력 레벨 2

1-3 기은이가 생각한 수보다 50만큼 더 큰 수는 100입니다./ 기은이가 생각한 수보다 100만큼 더 큰 수를 구하세요.

스스로 풀기 ❶ 기은이가 생각한 수 구하기

❷ 기은이가 생각한 수보다 100만큼 더 큰 수 구하기

답 _____

수학 문해력 기르기

문해력 문제 2

과일 가게에 귤이 100개씩 4상자, 10개씩 14봉지, 낱개로 3개 있습니다./
이 과일 가게에 있는 귤은 모두 몇 개인가요?
└ 구하려는 것

해결 전략

❶ 10개씩 14봉지는 '100개씩 몇 상자, 10개씩 몇 봉지'와 같은지 구하고

❷ 귤은 모두 몇 개인지 구한다.

- -

문제 풀기

❶ 10개씩 14봉지는 100개씩 ☐ 상자, 10개씩 4봉지와 같다.

❷ 귤은 모두 몇 개인지 구하기

귤은 100개씩 4+1=☐(상자), 10개씩 ☐ 봉지, 낱개로 ☐ 개와
같다.

➡ 귤은 모두 ☐ 개이다.

답 _____

문해력 레벨업

10이 **14개**인 수는 100이 **1개**, 10이 **4개**인 수와 같다.

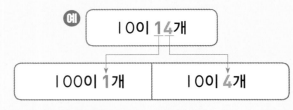

➡ 10이 14개인 수는
100이 1개, 10이 4개인 수와 같다.

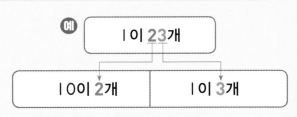

➡ 1이 23개인 수는
10이 2개, 1이 3개인 수와 같다.

쌍둥이 문제

2-1 유진이네 가게에 *친환경 빨대가 100개씩 3상자, 10개씩 12묶음, 낱개로 5개 있습니다./ 친환경 빨대는 모두 몇 개인가요?

따라 풀기 ❶

문해력 어휘 📖
친환경: 자연환경을 오염 시키지 않고 자연 그대로 의 환경과 잘 어울리는 것

❷

답 _____

문해력 레벨 1

2-2 문구점에 도화지가 100장씩 7상자, 10장씩 7묶음, 낱장으로 23장 있습니다./ 도화지는 모두 몇 장인가요?

스스로 풀기 ❶

❷

답 _____

문해력 레벨 2

2-3 슈퍼마켓에 초콜릿이 100개씩 3상자, 10개씩 8봉지, 낱개로 16개 있었습니 다./ 이 중에서 낱개로 5개가 팔렸을 때/ 남은 초콜릿은 몇 개인가요?

스스로 풀기 ❶ 남은 초콜릿은 100개씩 3상자, 10개씩 8봉지, 낱개로 몇 개인지 구하기

❷ 위 ❶에서 구한 낱개의 수는 '10개씩 몇 봉지, 낱개로 몇 개'와 같은지 구하기

❸ 남은 초콜릿은 몇 개인지 구하기

답 _____

관련 단원 세 자리 수

문해력 문제 3

4장의 수 카드 4 , 5 , 3 , 0 중/ 3장을 한 번씩만 사용하여/

세 자리 수를 만들려고 합니다./

만들 수 있는 수 중에서 **가장 작은 수를** 쓰세요.
└ 구하려는 것

해결 전략

┌ 가장 작은 세 자리 수를 만들어야 하니까

❶ **수 카드**의 수의 크기를 비교한다.

┌ 0은 백의 자리에 올 수 없으니까

❷ 두 번째로 (큰 , 작은) 수를 백의 자리 숫자로 하여 가장 작은 세 자리 수를
만든다. └ 알맞은 말에 ○표 하기

문해력 핵심

가장 작은 세 자리 수를 만들 때 숫자 0은 백의 자리에 올 수 없으므로 두 번째로 작은 수를 백의 자리에 놓는다.

문제 풀기

❶ 수의 크기 비교하기: 0< ⬚ < ⬚ < ⬚

❷ 가장 작은 수의 백의 자리 숫자: ⬚

➜ 가장 작은 세 자리 수: ⬚ ⬚ ⬚

답 _____

문해력 레벨업

0이 포함된 수 카드로 가장 큰/작은 수를 만들자.

예 0 I 2 로 가장 큰 세 자리 수 만들기

① 수 카드의 **수의 크기를 비교**한다.
② 백, 십, 일의 자리에 **큰 수부터** 차례로 놓는다.

 2 I 0

예 0 I 2 로 가장 작은 세 자리 수 만들기

① 수 카드의 **수의 크기를 비교**한다.
② **0은 백의 자리에 올 수 없으므로**
  (두 번째로 작은 수) ➜ **0** ➜ (세 번째로 작은 수) 순서로 백, 십, 일의 자리에 차례로 놓는다.

 0 I 2 (×)   I 0 2 (○)
└ 세 자리 수가 아니다.

쌍둥이 문제

3-1 4장의 수 카드 2 , 0 , 9 , 8 중/ 3장을 한 번씩만 사용하여/ 세 자리 수를 만들려고 합니다./ 만들 수 있는 수 중에서 가장 작은 수를 쓰세요.

따라 풀기 ❶

❷

답 _____

문해력 레벨 1

3-2 4장의 수 카드 1 , 4 , 7 , 3 중/ 3장을 한 번씩만 사용하여/ 일의 자리 숫자가 4인 세 자리 수를 만들려고 합니다./ 만들 수 있는 수 중에서 가장 큰 수를 쓰세요.

스스로 풀기 ❶

❷

답 _____

문해력 레벨 2

3-3 유빈이는 5개의 수 0, 3, 6, 5, 8 중/ 3개의 수를 한 번씩만 사용하여/ 두 번째로 작은 세 자리 수를 만들었습니다./ 유빈이가 만든 수를 구하세요.

스스로 풀기 ❶ 수의 크기 비교하기

❷ 가장 작은 세 자리 수 구하기

❸ 유빈이가 만든 수 구하기

답 _____

수학 문해력 기르기

관련 단원 세 자리 수

문해력 문제 4

윤하가 가지고 있는 종이에 적힌 수는/
525보다 크고 540보다 작은 수 중에서/
십의 자리 숫자와 일의 자리 숫자가 같은 수입니다./
윤하가 가지고 있는 종이에 적힌 수를 구하세요.
└ 구하려는 것

해결 전략

┌ 백의 자리 숫자가 될 수 있는 수를 구하려면 ┐
❶ 525보다 크고 540보다 작은 수의 백의 자리 숫자를 구하고

┌ 조건을 만족하는 세 자리 수를 구하려면 ┐
❷ 525보다 크고 540보다 작은 수 중 십의 자리 숫자와 일의 자리 숫자가 같은 수를 구한다.

❸ 위 ❷에서 구한 수가 윤하가 가지고 있는 종이에 적힌 수이다.

문제 풀기

❶ 백의 자리 숫자: ☐

❷ 조건을 만족하는 세 자리 수: ☐

❸ 윤하가 가지고 있는 종이에 적힌 수: ☐

답 _____

문해력 레벨업

조건에서 얻을 수 있는 것들을 찾아보자.

예 310보다 크고 460보다 작은 수

↓

3 ☐ ☐ , 4 ☐ ☐

↓

백의 자리 숫자가 될 수 있는 수: 3, 4

 세 자리 수이니까 ☐칸을 3개 그려서 ☐☐☐에 수를 자리에 맞게 써넣어 봐.

예 백의 자리 숫자가 2이고, 십, 일의 자리 숫자가 같은 수

↓

백 십 일
2 ☐ ☐
  └같은 수┘

↓

200, 211, 222, 233, 244, 255, 266, 277, 288, 299

쌍둥이 문제

4-1 지아는 만화 주인공 붙임딱지를 모으고 있습니다./ 지아가 모은 붙임딱지 수는/ 200보다 크고 220보다 작은 수 중에서/ 십의 자리 숫자와 일의 자리 숫자가 같은 수입니다./ 지아가 모은 붙임딱지는 몇 장인가요?

따라 풀기   ❶

❷

❸

답 ＿＿＿＿＿＿＿＿＿＿＿＿＿＿

문해력 레벨 1

4-2 600보다 크고 700보다 작은 수 중에서/ 십의 자리 숫자가 백의 자리 숫자보다 크고,/ 일의 자리 숫자가 3인 수를 모두 구하세요.

스스로 풀기   ❶ 백의 자리 숫자 구하기

❷ 십의 자리 숫자가 될 수 있는 수 구하기

❸ 조건을 만족하는 세 자리 수 구하기

답 ＿＿＿＿＿＿＿＿＿＿＿＿＿＿

문해력 레벨 2

4-3 동욱이가 타는 버스의 번호는/ 420보다 크고 450보다 작은 수입니다./ 각 자리 숫자는 모두 서로 다르고/ 그 합이 8일 때/ 동욱이가 타는 버스의 번호는 몇 번인가요?

스스로 풀기   ❶ 백의 자리 숫자 구하기

❷ 420보다 크고 450보다 작은 수 중 각 자리 숫자의 합이 8인 세 자리 수 구하기

❸ 동욱이가 타는 버스 번호 구하기

답 ＿＿＿＿＿＿＿＿＿＿＿＿＿＿

2일

17

수학 문해력 기르기

문해력 문제 5

음식점에 들어가기 위해서 대기 번호표를 받고 기다리고 있습니다./
지아네 가족은 221번,/ 현우네 가족은 205번,/ 혜지네 가족은 197번입니다./
음식점에 가장 먼저 들어가게 되는 가족은 누구네 가족인가요?
└ 구하려는 것

해결 전략

음식점에 먼저 온 사람이 받은 번호가 더 작은 수이니까

❶ 3개의 번호 중에서 가장 (큰 , 작은) 수를 찾는다.

❷ 가장 먼저 들어가게 되는 가족을 찾는다.

문제 풀기

❶ 197< [   ] < [   ] 이므로

수가 가장 작은 번호는 [   ] 번이다.

❷ 가장 먼저 들어가게 되는 가족은 [   ] 네 가족이다.

답 [   ] 네 가족

문해력 레벨업

가장 큰 수를 찾아야 할지, 가장 작은 수를 찾아야 할지 정하자.

가장 많은
가장 나중에 들어가는
가장 비싼
키가 가장 큰

↓

가장 큰 수를 찾자.

가장 적은
가장 먼저 들어가는
가장 싼
키가 가장 작은

↓

가장 작은 수를 찾자.

쌍둥이 문제

5-1 ※박물관 입장객 수가 금요일은 395명,/ 토요일은 470명,/ 일요일은 455명입니다./ 입장객 수가 가장 많은 날은 무슨 요일인가요?

따라 풀기 ❶

문해력 백과 📖

박물관: 다양한 분야의 자료를 모아서 보존하고, 진열하고 알리는 곳

❷

답 _____

문해력 레벨 1

5-2 현아가 문구점 세 곳에서 볼펜 한 자루의 값을 알아보았더니/ ㉠ 문구점은 700원,/ ㉡ 문구점은 650원,/ ㉢ 문구점은 750원이었습니다./ 볼펜 한 자루의 값이 가장 싼 곳은 어디인가요?

스스로 풀기 ❶

❷

답 ▢ 문구점

문해력 레벨 2

5-3 지혁이와 친구들이 줄넘기를 한 횟수입니다./ 줄넘기를 가장 적게 한 사람은 누구인가요?/ (단, 줄넘기를 한 횟수는 모두 세 자리 수입니다.)

지혁	미주	수지
23●번	29■번	27▲번

스스로 풀기 ❶ 수의 크기 비교하기

❷ 줄넘기를 가장 적게 한 사람 구하기

답 _____

수학 문해력 기르기

문해력 문제 6

지유는 **260원**짜리 지우개를 한 개 사려고 합니다./
지우개 값에 꼭 맞게/
100원, 50원, 10원짜리 동전을 <mark>적어도 1개씩 포함하여</mark>/
<mark>낼 수 있는 방법은 모두 몇 가지</mark>인가요?
└ 구하려는 것

해결 전략

┌ 지우개 값을 내는 방법의 수를 구하려면 ┐

❶ <mark>100원, 50원, 10원짜리 동전을 모두 포함</mark>하여 260원을 내는 방법을 표를 이용하여 모두 찾은 후

❷ 위 ❶의 표에서 찾은 방법의 수를 세어 모두 몇 가지인지 구한다.

문제 풀기

❶ 260원 만들기

	100원	50원	10원
방법 1	2개	1개	1개
방법 2	1개		
방법 3	1개		
방법 4	1개		

> **문해력 주의**
> 3가지 동전을 적어도 1개씩은 포함해야 하므로 빈칸에 0개를 쓰지 않는다.

❷ 지우개 값을 낼 수 있는 방법: ☐ 가지

답 _____

💡 **문해력 레벨업**

큰 금액의 동전을 작은 금액의 동전으로 바꿔가며 돈을 내는 방법을 찾자.

100원짜리 1개를
50원짜리 2개로 바꾸기

50원짜리 1개를
10원짜리 5개로 바꾸기

50원짜리 1개를
10원짜리 5개로 바꾸기

쌍둥이 문제

6-1 연아는 850원짜리 아이스크림을 한 개 사려고 합니다./ 아이스크림 값에 꼭 맞게/ 500원, 100원, 50원짜리 동전을 적어도 1개씩 포함하여/ 낼 수 있는 방법은 모두 몇 가지인가요?

따라 풀기 ❶ 850원 만들기

	500원	100원	50원
방법 1	1개	3개	1개

❷

답 _____

문해력 레벨 1

6-2 예빈이네 가족은 미국 여행에서 130※달러짜리 물건을 사려고 합니다./ 물건값에 꼭 맞게/ 100달러, 50달러, 10달러짜리 지폐로 낼 수 있는 방법은 모두 몇 가지인가요?

스스로 풀기 ❶ 130달러 만들기

문해력 백과 📖
달러: 우리나라 돈의 단위인 '원'과 같이 미국에서 사용하는 돈의 단위

이 경우는 모든 지폐를 꼭 내지 않아도 돼.

	100달러	50달러	10달러
방법 1	1장	0장	3장

❷

답 _____

4일 수학 문해력 기르기

문해력 문제 7

재영이는 **450원**이 들어 있던 저금통에/
하루에 **100원씩 4일** 동안 저금을 하였습니다./
지금 **저금통 안에 들어 있는 돈**은 얼마인가요?
└▸ 구하려는 것

해결 전략

┌─ 지금 저금통 안에 들어 있는 돈을 구하려면
❶ 450부터 [   ]씩 [   ]번 뛰어 세기 한다.

❷ 위 ❶에서 뛰어 센 마지막 수가 지금 저금통 안에 들어 있는 돈이 된다.

문제 풀기

❶ 450부터 100씩 4번 뛰어 세기

[450]──[   ]──[   ]──[   ]──[   ]

❷ 지금 저금통 안에 들어 있는 돈: [   ]원

답 _____

문해력 레벨업 얼마씩 몇 번에 걸쳐 커지거나 작아지면 뛰어 세기를 활용하자.

예 **200원부터** 하루에 **100원씩 3일 동안** 모으기

200부터   100씩   3번 뛰어 세기

예 **370개부터** 매달 **10개씩 5달 동안** 모으기

370부터   10씩   5번 뛰어 세기

쌍둥이 문제

7-1 지율이네 가족이 지금까지 과수원에서 딴 사과는 **255**개입니다./ 앞으로 사과를 하루에 **200**개씩 **3**일 동안 더 딴다면/ 지율이네 가족이 따는 사과는 모두 몇 개인가요?

따라 풀기 **❶**

❷

답 _____

문해력 레벨 1

7-2 지민이는 자물쇠 비밀번호를 **1**개월마다 바꿉니다./ 비밀번호는 매달 **10**씩 뛰어 세기 한 수로 바꾸었고/ 이번 달 비밀번호는 **509**입니다./ 3개월 전의 비밀번호는 무엇인가요?

스스로 풀기 **❶**

❷

답 _____

문해력 레벨 2

7-3 규민이와 인아는 각각 같은 수 ㉠부터 뛰어 세기를 하였습니다./ 규민이가 ㉠부터 **10**씩 **4**번 뛰어 세기 하여 **300**이 되었다면/ 인아가 ㉠부터 **100**씩 **4**번 뛰어 세기 한 수는 얼마인가요?

스스로 풀기 **❶** 규민이가 뛰어 세기 하기 전의 수인 ㉠ 구하기

❷ 인아가 뛰어 세기 한 수 구하기

답 _____

 일 수학 문해력 기르기

관련 단원 세 자리 수

문해력 문제 8

재민이는 백 모형 2개, 십 모형 2개, 일 모형 1개를 가지고 있습니다./
수 모형 5개 중에서 3개를 사용하여/
나타낼 수 있는 세 자리 수는 모두 몇 개인가요?
└ 구하려는 것

해결 전략

❶ 세 자리 수를 나타내야 하므로 수 모형 3개 중 (백 , 십) 모형을 반드시 사용하여 표로 나타내 세 자리 수를 구하고

❷ 위 ❶에서 구한 세 자리 수의 개수를 모두 센다.

문제 풀기

❶ 수 모형 3개를 사용하여 세 자리 수 나타내기

백 모형	십 모형	일 모형		세 자리 수
2개	1개	0개	➡	
2개	0개		➡	
1개	2개		➡	
1개	1개		➡	

❷ 나타낼 수 있는 세 자리 수: ☐ 개

답 _____

문해력 레벨업

모두 몇 개인지 빠짐없이 찾으려면 기준을 정해서 수를 맞추어 나가자.

예 백 모형 1개, 십 모형 1개, 일 모형 1개 중에서 수 모형 2개를 사용하여 세 자리 수 만들기

백 모형	십 모형	일 모형		세 자리 수
1개	1개	0개	➡	110
1개	0개	1개	➡	101

세 자리 수를 만들어야 하므로 백 모형은 반드시 사용한다.

수 모형 2개를 사용해야 하니까 백 모형 1개를 사용하면 십 모형 1개 또는 일 모형 1개만 사용할 수 있다.

쌍둥이 문제

8-1 백 모형 3개, 십 모형 2개, 일 모형 1개가 있습니다./ 수 모형 6개 중에서 3개를 사용하여/ 나타낼 수 있는 세 자리 수는 모두 몇 개인가요?

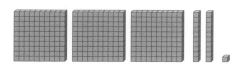

따라 풀기 ❶

백 모형	십 모형	일 모형		세 자리 수
3개	0개	0개	→	300
			→	
			→	
			→	
			→	

❷

답 _____

문해력 레벨 1

8-2 혜민이는 500원짜리 동전 1개, 100원짜리 동전 3개, 10원짜리 동전 3개를 가지고 ※벼룩시장에 가서/ 연습장 한 권을 샀습니다./ 연습장 한 권의 값은 동전 7개 중에서 5개만큼의 금액과 같으며/ 700원과 800원 사이입니다./ 연습장 한 권은 얼마인가요?

스스로 풀기 ❶ 동전 5개의 금액 구하기

문해력 어휘 📖

벼룩시장: 사람들이 사용하던 물건을 사고파는 시장

500원	100원	10원		금액
1개	3개	1개	→	810원
			→	
			→	
			→	
			→	

❷ 연습장 한 권의 값 구하기

답 _____

수학 문해력 완성하기

관련 단원 세 자리 수

기출 1 수현이는 620원을 가지고 있습니다./ 그중에서 100원짜리 동전은 5개이고/ 나머지는 10원짜리 동전입니다./ 수현이가 가지고 있는 동전은 모두 몇 개인가요?

해결 전략

80원 ↔ 10원짜리 동전 **8**개
90원 ↔ 10원짜리 동전 **9**개
100원 ↔ 10원짜리 동전 **10**개
110원 ↔ 10원짜리 동전 **11**개

※16년 상반기 20번 기출 유형

문제 풀기

❶ 10원짜리 동전으로 얼마를 가지고 있는지 구하기

100원짜리 동전 5개는 [　　　　] 원이므로

10원짜리 동전으로 [　　　　] 원을 가지고 있다.

❷ 10원짜리 동전은 몇 개인지 구하기

[　　　　] 원은 10원짜리 동전으로 [　　　　] 개이다.

❸ 수현이가 가지고 있는 동전은 모두 몇 개인지 구하기

답 _____

관련 단원 세 자리 수

기출 2 다음 두 조건을 만족하는 세 자리 수는/ 모두 몇 개인가요?

> • 백의 자리 숫자와 일의 자리 숫자의 합은 **3**입니다.
> • 십의 자리 숫자는 백의 자리 숫자보다 작습니다.

해결 전략

백의 자리 숫자는 0이 될 수 없고
백의 자리 숫자와 일의 자리 숫자의 합이 3이므로 백의 자리 숫자는 3이거나 3보다 작은 수이다.

※21년 상반기 20번 기출 유형

문제 풀기

❶ 백의 자리 숫자가 될 수 있는 수 구하기

백의 자리 숫자는 0이 될 수 없고, 3이거나 3보다 작은 수이므로 ☐, ☐, ☐ 이다.

❷ 조건을 만족하는 세 자리 수 구하기

• 백의 자리 숫자가 1인 경우: 일의 자려 숫자는 ☐ 이고, 십의 자리 숫자는 ☐ 이다.

➡ 세 자리 수: ☐

• 백의 자리 숫자가 2인 경우: 일의 자리 숫자는 ☐ 이고, 십의 자리 숫자는

☐, ☐ 이 될 수 있다. ➡ 세 자리 수: ☐, ☐

• 백의 자리 숫자가 3인 경우:

❸ 두 조건을 만족하는 세 자리 수는 모두 몇 개인지 구하기

답 _____

5일 수학 문해력 완성하기

관련 단원 세 자리 수

융합 3 물건의 개수를 셀 때/ 묶어서 세는 방법은/ 다음과 같이 물건에 따라 다릅니다.

오징어 한 축	김 한 톳	오이 한 거리
20마리	100장	50개

세 사람의 대화를 읽고/ ㉠, ㉡에 알맞은 수를 각각 구하세요.

> 오징어 세 축은 60마리야.
>
> 지안

> 김 세 톳은 ㉠장이야.
>
> 건우

> 오이 네 거리는 ㉡개야.
>
> 유찬

해결 전략

예 오징어 세 축은 몇 마리인지 구하기

오징어 한 축이 **20**마리이므로 **20**씩 뛰어 세기 한다.

1축	2축	3축
20 —	40 —	60

→ 오징어 3축: 60마리

문제 풀기

❶ 100씩 뛰어 세기 하여 ㉠에 알맞은 수 구하기

| 100 | — | | — | | → ㉠에 알맞은 수: |

❷ 50씩 뛰어 세기 하여 ㉡에 알맞은 수 구하기

| 50 | — | | — | | — | | → ㉡에 알맞은 수: |

답 ㉠: _____ , ㉡: _____

창의 4 더 큰 수가 있는 쪽이/ 아래로 내려가는 양팔저울이 있습니다./ 1부터 9까지의 수 중에서/ ■에 알맞은 수를 모두 구하세요./ (단, ■는 같은 수를 나타냅니다.)

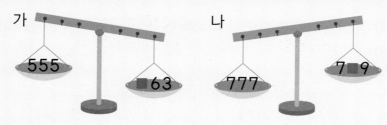

해결 전략

더 큰 수가 있는 쪽이 **아래로** 내려 간다.
➔ 846 < ●72

문제 풀기

❶ 가 양팔저울에서 ■에 알맞은 수를 모두 구하기

>, < 중 알맞은 것 쓰기

555 ◯ ■63이므로 ■에 알맞은 수는 ☐, ☐, ☐, ☐, ☐ 이다.

❷ 나 양팔저울에서 ■에 알맞은 수를 모두 구하기

777 ◯ 7■9이므로 ■에 알맞은 수는 ☐, ☐, ☐, ☐, ☐, ☐ 이다.

❸ 가와 나 양팔저울에서 ■에 알맞은 수를 모두 구하기

답 _____

수학 문해력 평가하기

10쪽 문해력 1

1 윤서는 친구와 밤을 100개 줍기로 하였습니다. 지금까지 주운 밤이 90개일 때 앞으로 몇 개를 더 주워야 하나요?

풀이

답 _____

12쪽 문해력 2

2 서우네 초등학교에서 체육대회 기념품으로 준비한 모자가 100개씩 5상자, 10개씩 3묶음, 낱개로 16개 있습니다. 준비한 모자는 모두 몇 개인가요?

풀이

답 _____

18쪽 문해력 5

3 은행에서 대기 번호표를 뽑고 기다리고 있습니다. 윤아는 355번, 지수는 360번, 은재는 350번일 때 대기 번호표를 가장 먼저 뽑은 사람은 누구인가요?

풀이

답 _____

22쪽 문해력 7

4 현아는 종이학을 오늘까지 125개 접었습니다. 종이학을 하루에 10개씩 6일 동안 더 접는다면 현아가 접는 종이학은 모두 몇 개인가요?

풀이

답 _____

14쪽 문해력 3

5 4장의 수 카드  4 , 7 , 0 , 6 중 3장을 한 번씩만 사용하여 세 자리 수를 만들려고 합니다. 만들 수 있는 수 중에서 가장 작은 수를 쓰세요.

풀이

답 _____

22쪽 문해력 7

6 서윤이가 생각한 수부터 5씩 5번 뛰어 세면 650입니다. 서윤이가 생각한 수를 구하세요.

풀이

답 _____

14쪽 문해력 3

7 4장의 수 카드 4 , 9 , 5 , 2 중 3장을 한 번씩만 사용하여 일의 자리 숫자가 5 인 세 자리 수를 만들려고 합니다. 만들 수 있는 수 중에서 가장 큰 수를 쓰세요.

풀이

답 _____

16쪽 문해력 4

8 지유가 모은 구슬 수는 145보다 크고 165보다 작은 수 중에서 십의 자리 숫자와 일의 자리 숫자가 같은 수입니다. 지유가 모은 구슬은 몇 개인가요?

풀이

답 _____

20쪽 문해력 6

9 선미는 300원짜리 사탕을 한 개 사려고 합니다. 사탕 값에 꼭 맞게 100원, 50원, 10원짜리 동전을 적어도 1개씩 포함하여 낼 수 있는 방법은 모두 몇 가지인가요?

풀이

답 _____

24쪽 문해력 8

10 백 모형 2개, 십 모형 3개, 일 모형 1개가 있습니다. 수 모형 6개 중에서 4개를 사용하여 나타낼 수 있는 세 자리 수는 모두 몇 개인가요?

풀이

답 _____

2주

덧셈과 뺄셈

덧셈과 뺄셈은 자주 쓰이는 연산이에요.
우리 생활 속에서 경험할 수 있는 덧셈, 뺄셈 상황들을 문제를 읽고 머릿속
으로 떠올려 보면서 해결해 봐요.

이번 주에 나오는 어휘 & 지식백과 🔍

41쪽 　슬라임　(slime)
물풀을 이용한 장난감. 말랑말랑하고 탱탱하다.

42쪽 　전기 차　(電 번개 전, 氣 기운 기, 車 수레 차)
전기의 힘으로 움직이는 자동차

49쪽 　핸드볼　(handball)
손을 사용하여 공을 상대편 골에 많이 던져 넣는 것으로 승부를 겨루는 경기

51쪽 　추첨권　(抽 뽑을 추, 籤 제비 첨, 券 문서 권)
추첨에 참여할 수 있는 표

61쪽 　대출 도서　(貸 빌릴 대, 出 날 출, 圖 그림 도, 書 글 서)
도서관에서 빌린 책

61쪽 　반납　(返 돌이킬 반, 納 들일 납)
도로 돌려 줌

◑ 연산 문제가 어떻게 문장제가 되는지 알아봅니다.

1 19+24

	1	9
+	2	4

≫ **19**보다 **24**만큼 더 큰 수는 얼마인가요?

식 _____ 19+24= [   ]

답 _____

2 51+66

≫ 붕어빵 가게에서 팥 붕어빵이 **51**개 팔렸고,
슈크림 붕어빵이 **66**개 팔렸습니다.
팔린 붕어빵은 모두 몇 개인가요?

식 _____

꼭! 단위까지
따라 쓰세요.

답 _____ 개

3 87+25

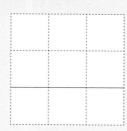

≫ 밤을 정아는 **87**개 주웠고,
민하는 정아보다 **25**개 더 많이 주웠습니다.
민하가 주운 밤은 몇 개인가요?

식 _____

답 _____ 개

4 70 − 16

>> **70보다 16만큼 더 작은 수는 얼마인가요?**

식 _____ 70 − 16 = ☐

답 _____

---

5 32 − 15

>> 예리가 붙임 딱지 **32장** 중에서
다이어리를 꾸미는 데 **15장**을 사용했다면
남은 붙임 딱지는 몇 장인가요?

식 _____

꼭! 단위까지
따라 쓰세요.

답 _____ 장

---

6 56 − 48

>> 어느 게임에서 상혁이가 얻은 점수는 **56점**이고,
혁규가 얻은 점수는 **48점**입니다.
상혁이의 점수는 혁규의 점수보다 몇 점 더 높나요?

식 _____

답 _____ 점

문해력 기초 다지기

◯ 간단한 문장제를 풀어 봅니다.

1 축구는 **11명**이 한 팀을 이루고,
야구는 **9명**이 한 팀을 이룹니다.
한 팀에 축구는 야구보다 몇 명 더 많은가요?

식 _____ 답 _____

2 하프의 줄은 **47개**이고,
거문고의 줄은 **6개**입니다.
하프와 거문고의 줄은 모두 몇 개인가요?

식 _____ 답 _____

3 딸기가 **50개** 있습니다.
이 중에서 **12개**를 먹었다면
남은 딸기는 몇 개인가요?

식 _____ 답 _____

2주 38

4 우표를 윤아는 **23장** 모았고,
예서는 **18장** 모았습니다.
윤아는 예서보다 우표를 몇 장 더 많이 모았나요?

식 _____   답 _____

5 운동장에 남학생은 **81명** 있고,
여학생은 **74명** 있습니다.
운동장에 있는 학생은 모두 몇 명인가요?

식 _____   답 _____

6 휴대 전화기에 저장된 연락처가 시환이는 **67개**,
예서는 시환이보다 **19개** 더 적었습니다.
예서의 휴대 전화기에 저장된 연락처는 몇 개인가요?

식 _____   답 _____

7 화단에 수국이 **57송이** 피어 있고,
철쭉이 **65송이** 피어 있습니다.
화단에 피어 있는 수국과 철쭉은 모두 몇 송이인가요?

식 _____   답 _____

수학 문해력 기르기

문해력 문제 1

편의점에서 어제 막대 사탕은 **43**개 팔렸고,/
초콜릿은 막대 사탕보다 **25**개 더 적게 팔렸습니다./
어제 팔린 **막대 사탕과 초콜릿**은 모두 몇 개인가요?
└ 구하려는 것

해결 전략

팔린 초콜릿의 수를 구하려면
└ +, − 중 알맞은 것 쓰기
❶ (팔린 막대 사탕의 수) ◯ **25**를 구하고,

팔린 막대 사탕과 초콜릿 수의 합을 구하려면
❷ (팔린 막대 사탕의 수) ◯ (팔린 초콜릿의 수)를 구한다.

문제 풀기

❶ (팔린 초콜릿의 수)

$$= 43 \bigcirc 25 = \boxed{} \text{(개)}$$

❷ (팔린 막대 사탕과 초콜릿 수의 합)

$$= 43 + \boxed{} = \boxed{} \text{(개)}$$

답 _____

문해력 레벨업

덧셈식과 뺄셈식으로 나타내는 표현을 알아보자.

덧셈식으로 나타내는 표현

・**4**보다 **3**만큼 더 많이
・두 수 **4**와 **3**의 합
⟩ **4+3**

뺄셈식으로 나타내는 표현

・**4**보다 **3**만큼 더 적게
・두 수 **4**와 **3**의 차
⟩ **4−3**

쌍둥이 문제

1-1 수아가 장난감[※]슬라임에 노란색 진주를 **48**개 넣었고,/ 빨간색 진주를 노란색 진주보다 **9**개 더 적게 넣었습니다./ 장난감 슬라임에 넣은 진주는 모두 몇 개인가요?

따라 풀기 ❶

문해력 백과 📖
슬라임: 물풀을 이용한 장난감. 말랑말랑하고 탱탱하다.

❷

답 _____

문해력 레벨 1

1-2 체육관에 축구공은 **19**개 있고,/ 농구공은 축구공보다 **12**개 더 많이 있습니다./ 체육관에 있는 축구공과 농구공은 모두 몇 개인가요?

스스로 풀기 ❶

❷

답 _____

문해력 레벨 2

1-3 하린이와 승아는 어제부터 동화책을 읽기 시작하였습니다./ 하린이는 어제는 **36**쪽 읽었고,/ 오늘은 어제보다 **19**쪽 더 많이 읽었습니다./ 승아가 어제와 오늘 읽은 쪽수는 모두 **82**쪽이라면/ 하린이와 승아 중 이틀 동안 동화책을 더 많이 읽은 사람은 누구인가요?

스스로 풀기 ❶ 하린이가 오늘 읽은 동화책 쪽수 구하기

❷ 하린이가 어제와 오늘 읽은 동화책 쪽수의 합 구하기

❸ 하린이와 승아가 읽은 동화책 쪽수 비교하기

답 _____

1_일 수학 문해력 기르기

문해력 문제 2

주차장에 [※]전기 차 충전기를 설치했습니다.
5월에는 **4월보다 37대 더 많이** 설치했고/
5월에 설치한 충전기는 **91**대입니다./
4월에 설치한 충전기는 몇 대인가요?
└ 구하려는 것

해결 전략

📖 **문해력 백과**

전기 차: 전기의 힘으로 움직이는 자동차

> 주어진 조건을 그림으로 나타내면

4월 ■대	37대 더 많이 $+37$ →	5월 91대

> 4월에 설치한 충전기의 수를 구하려면

❶ 위의 그림을 보고 덧셈식을 쓴 후

❷ 위 ❶에서 쓴 덧셈식을 뺄셈식으로 바꾸어 계산한다.

문제 풀기

❶ 모르는 수를 ■로 하여 덧셈식 쓰기

4월에 설치한 충전기의 수를 ■대라 하면

$■ + \boxed{} = 91$이다.

❷ ■의 값을 구하여 4월에 설치한 충전기의 수 구하기
└→ +, − 중 알맞은 것 쓰기

$■ = 91 \bigcirc 37$, $■ = \boxed{}$ 이므로

4월에 설치한 충전기는 $\boxed{}$ 대이다.

답 _____

💡 **문해력 레벨업**

모르는 수를 □로 하여 주어진 조건을 덧셈식이나 뺄셈식으로 나타내자.

예 귤은 배보다 3개 더 많고 귤이 8개 있을 때

배 □개	3개 더 많다 $+3$ →	귤 8개

→ 덧셈식: $□ + 3 = 8$

예 배는 귤보다 3개 더 적고 배가 5개 있을 때

귤 □개	3개 더 적다 -3 →	배 5개

→ 뺄셈식: $□ - 3 = 5$

2-1 리안이가 자를 이용하여 물건의 높이를 재어 보았습니다./ 책꽂이의 높이는 물통의 높이보다 17 cm 더 높고,/ 책꽂이의 높이는 35 cm입니다./ 물통의 높이는 몇 cm인가요?

따라 풀기 ❶

❷

답 _____

문해력 레벨 1

2-2 문구점에 초록색 형광펜은 노란색 형광펜보다 12자루 더 적고,/ 초록색 형광펜은 32자루 있습니다./ 노란색 형광펜은 몇 자루인가요?

스스로 풀기 ❶

❷

답 _____

문해력 레벨 2

2-3 공원에 있는 은행나무는 소나무보다 35그루 더 많고,/ 은행나무는 91그루입니다./ 공원에 있는 은행나무와 소나무는 모두 몇 그루인가요?

스스로 풀기 ❶ 모르는 수를 ☐로 하여 덧셈식 쓰기

❷ ☐의 값을 구하여 소나무의 수 구하기

❸ 은행나무와 소나무 수의 합 구하기

답 _____

^일 수학 문해력 기르기

문해력 문제 3

어떤 수에서 **29**를 빼야 할 것을/
잘못하여 더했더니 **81**이 되었습니다./
바르게 계산한 값은 얼마인가요?
└─ 구하려는 것

해결 전략

╭ 잘못하여 더한 계산 결과를 이용하여 ╮

❶ 잘못 계산한 (덧셈식 , 뺄셈식)을 세우고
└─ 알맞은 말에 ○표 하기

╭ 위 ❶에서 세운 식을 이용하여 ╮

❷ 어떤 수를 구하고

╭ 바르게 계산한 값을 구하려면 ╮

❸ (❷에서 구한 어떤 수)— ⬚ 를 계산한다.

- -

문제 풀기

❶ 잘못 계산한 식 세우기   ╭ +, − 중 알맞은 것 쓰기

어떤 수를 ■라 하면 잘못 계산한 식은 ■ ◯ 29＝81이다.

❷ 어떤 수 구하기

■＝81−29, ■＝⬚ 이므로 (어떤 수)＝⬚

❸ (바르게 계산한 값)＝⬚ −29＝⬚

답 _____

문해력 레벨업

잘못 계산한 식을 세워 어떤 수를 구하자.

(예) <u>어떤 수</u>에서 **30**을 빼야 할 것을 잘못하여 <u>더했더니</u> <u>90</u>이 되었습니다.
　　□　　　　　　　　　　　　　　　　　＋30　　　＝90

잘못 계산한 식 □＋30＝90

어떤 수 구하기 □＝90−30. □＝**60** ➡ (어떤 수)＝**60**

쌍둥이 문제

3-1 어떤 수에서 | 7을 빼야 할 것을/ 잘못하여 더했더니 55가 되었습니다./ 바르게 계산한 값은 얼마인가요?

따라 풀기 ❶

❷

❸

답 _____

문해력 레벨 1

3-2 어떤 수에 | 8을 더해야 할 것을/ 잘못하여 뺐더니 56이 되었습니다./ 어떤 수보다 2 | 만큼 더 큰 수는 얼마인가요?

스스로 풀기 ❶

❷

❸ 어떤 수보다 21만큼 더 큰 수 구하기

답 _____

문해력 레벨 1

3-3 어떤 수에 37을 더해야 할 것을/ 잘못하여 73을 뺐더니 | 8이 되었습니다./ 바르게 계산한 값은 얼마인가요?

스스로 풀기 ❶ 잘못 계산한 식 세우기

❷ 어떤 수 구하기

❸ 바르게 계산한 값 구하기

답 _____

수학 문해력 기르기

문해력 문제 4

각자의 수 카드에 적힌 두 수의 합은 같습니다./
경서가 가지고 있는 뒤집힌 카드에 적힌 수는 얼마인가요?
└ 구하려는 것

경서의 수 카드	정우의 수 카드	
63	49	22

해결 전략

┌ 두 사람의 카드에 적힌 두 수의 합이 같으므로
❶ (경서의 카드에 적힌 두 수의 합)＝(정우의 카드에 적힌 두 수의 합)을
식으로 써서 계산한 후

┌ 뒤집힌 카드에 적힌 수를 구하려면
❷ 위 ❶에서 계산한 식을 뺄셈식으로 바꾸어 계산한다.

문제 풀기

❶ '두 사람의 카드에 적힌 두 수의 합이 같다'를 식으로 써서 나타내기
뒤집힌 카드에 적힌 수를 ■라 하면

$63 + ■ = 49 + 22$

$\boxed{}$ ➔ $63 + ■ = \boxed{}$

❷ 뒤집힌 카드에 적힌 수 구하기
┌ ＋, － 중 알맞은 것 쓰기
$■ = 71 \bigcirc 63$, $■ = \boxed{}$ 이므로

뒤집힌 카드에 적힌 수는 $\boxed{}$ 이다.

답 _____

문해력 레벨업

두 수의 합이나 차가 같을 때 모르는 수를 □라 하여 식을 세우자.

예 | 20 | ? | , | 25 | 15 |

각각 두 수의 합이 같을 때
모르는 수를 □라 하여 덧셈식으로 나타내기
➔ $20 + □ = 25 + 15$

예 | 20 | ? | , | 25 | 15 |

각각 두 수의 차가 같을 때
모르는 수를 □라 하여 뺄셈식으로 나타내기
➔ ┌ □＞20일 경우: $□ - 20 = 25 - 15$
　 └ □＜20일 경우: $20 - □ = 25 - 15$

4-1 각자의 수 카드에 적힌 두 수의 합은 같습니다./ 원우가 가지고 있는 뒤집힌 카드에 적힌 수는 얼마인가요?

원우의 수 카드		재서의 수 카드	
19		27	33

따라 풀기 ❶

❷

답 _____

문해력 레벨 1

4-2 초록색 카드와 보라색 카드에 각각 적힌 두 수의 차는 같습니다./ 초록색 카드 중 뒤집힌 카드의 수가 보이는 카드의 수보다 더 작다면/ 뒤집힌 카드에 적힌 수는 얼마인가요?

| 41 | | 38 | 53 |

스스로 풀기 ❶

큰 수에서 작은 수를 빼는 식을 세워 봐.

❷

답 _____

문해력 레벨 2

4-3 빨간색 카드와 파란색 카드에 각각 적힌 두 수의 합은 같습니다./ 빨간색 카드에 적힌 두 수의 차는 얼마인가요?

| 48 | | 29 | 58 |

스스로 풀기 ❶ '빨간색 카드와 파란색 카드에 적힌 두 수의 합이 같다'를 식을 써서 나타내기

❷ 뒤집힌 카드에 적힌 수 구하기

❸ 빨간색 카드에 적힌 두 수의 차 구하기

답 _____

수학 문해력 기르기

관련 단원 덧셈과 뺄셈

문해력 문제 5

윤아와 선혜가 어제와 오늘 휴대 전화로 서로에게 보낸 메시지의 수입니다./
윤아와 선혜 중/ 이틀 동안 메시지를 더 많이 보낸 사람은 누구인가요?
└ 구하려는 것

	어제	오늘
윤아	43개	58개
선혜	41개	59개

해결 전략

이틀 동안 메시지를 더 많이 보낸 사람을 구하려면
+, − 중 알맞은 것 쓰기

❶ 윤아의 (어제 보낸 메시지의 수) ◯ (오늘 보낸 메시지의 수),

  선혜의 (어제 보낸 메시지의 수) ◯ (오늘 보낸 메시지의 수)를 구한 후,

❷ 위 ❶에서 구한 메시지의 수의 크기를 비교한다.

문제 풀기

❶ (윤아가 이틀 동안 보낸 메시지의 수)＝43＋☐＝☐(개)

  (선혜가 이틀 동안 보낸 메시지의 수)＝41＋☐＝☐(개)

❷ 윤아와 선혜가 이틀 동안 보낸 메시지의 수 비교하기
>, < 중 알맞은 것 쓰기

☐ ◯ ☐ 이므로 더 많이 보낸 사람은 ☐ 이다.
└ 윤아가 이틀 동안   └ 선혜가 이틀 동안
  보낸 메시지의 수   보낸 메시지의 수

답 _____

문해력 레벨업 구하려는 것에 따라 기준을 정해서 더하는 수를 묶어 보자.

메시지를 더 많이 보낸 사람은 누구인지 구하려
면 윤아와 선혜를 기준으로 묶은 후 더한다.

	어제	오늘
윤아	43개	58개
선혜	41개	59개

메시지를 더 많이 보낸 날이 언제인지 구하려면
어제와 오늘을 기준으로 묶은 후 더한다.

	어제	오늘
윤아	43개	58개
선혜	41개	59개

쌍둥이 문제

5-1 다미네 팀과 선아네 팀의 [※]핸드볼 경기에서/ 각 팀이 전반전과 후반전에 얻은 점수를 나타낸 것입니다./ 다미네 팀과 선아네 팀 중/ 경기에서 얻은 점수가 더 높은 팀은 누구네 팀인가요?

	전반전	후반전
다미네 팀	23점	19점
선아네 팀	17점	28점

따라 풀기 ❶

문해력 백과 📖
핸드볼: 손을 사용하여 공을 상대편 골에 많이 던져 넣는 것으로 승부를 겨루는 경기

❷

답 ☐ 네 팀

문해력 레벨 1

5-2 미술관에 토요일과 일요일에/ 입장한 어른과 어린이 수를 조사하여 나타낸 것입니다./ 토요일과 일요일 중/ 무슨 요일에 입장한 사람이 몇 명 더 많은지 차례로 쓰세요.

	토요일	일요일
어른	56명	69명
어린이	25명	23명

스스로 풀기 ❶

❷

답 _____ , _____

관련 단원 덧셈과 뺄셈

문해력 문제 6

1부터 99까지의 수가 적힌 공이 한 개씩 들어 있는 주머니에서/
공을 2개 꺼냈습니다./
꺼낸 공에 적힌 **두 수의 합은 65**이고,/ **차는 9**입니다./
꺼낸 공에 적힌 **두 수 중 더 큰 수**를 구하세요.
└ 구하려는 것

해결 전략

> 🔷 **문해력 핵심**
> 두 수의 합과 차가 주어진 경우 두 수를 큰 수와 작은 수로 나타낼 수 있다.

〔 두 수의 차를 이용하여 〕

❶ 큰 수를 ■라 하면 작은 수는 (■－□)이다.

〔 두 수의 합을 이용하여 〕

❷ (큰 수)＋(작은 수)＝□인 식을 세워서 ■를 구한다.

문제 풀기

❶ 큰 수와 작은 수를 한 가지 기호로 나타내기

큰 수를 ■라 하면 차가 9이므로 작은 수는 (■－□)이다.

❷ 큰 수 구하기

두 수의 합이 65이므로 ■＋■－9＝65이다.

➡ ■＋■＝65＋□, ■＋■＝□이고,

37＋37＝74이므로 ■＝□이다.

따라서 두 수 중 더 큰 수는 □이다.

답 _____

문해력 레벨업

모르는 수가 두 개일 때 차를 이용하여 두 수를 한 가지 기호로 나타내자.

예 어떤 두 수의 차가 10일 때 두 수를 한 가지 기호로 나타내기

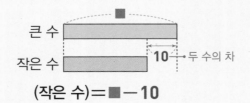

방법1 큰 수를 ■라 하기

(작은 수)＝■－10

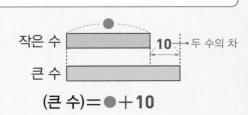

방법2 작은 수를 ●라 하기

(큰 수)＝●＋10

쌍둥이 문제

6-1 윤혜와 민서가 ※추첨권을 한 장씩 뽑았습니다./ 두 사람이 뽑은 추첨권 번호의 합은 53이고,/ 차는 17입니다./ 두 사람이 뽑은 추첨권 번호 중 더 큰 수를 구하세요.

> **따라 풀기** ❶
>
> ❷

> **문해력 어휘** 📖
> 추첨권: 추첨에 참여할
> 수 있는 표

답 _____

문해력 레벨 1

6-2 두 수의 합이 82이고,/ 차는 26입니다./ 두 수 중 더 작은 수를 구하세요.

> **스스로 풀기** ❶
>
> ❷

> **문해력 핵심** 🎓
> 작은 수를 구해야 하니까
> 작은 수를 □라 하면 계산
> 이 간편하다.

답 _____

문해력 레벨 2

6-3 도현이는 종이에 세 수를 적었습니다./ 가장 큰 수와 둘째로 큰 수의 차는 10이고,/ 둘째로 큰 수와 가장 작은 수의 차는 12입니다./ 가장 큰 수와 가장 작은 수의 합이 54일 때/ 가장 작은 수를 구하세요.

> **스스로 풀기** ❶ 가장 큰 수와 가장 작은 수의 차 구하기

> 가장 큰 수와 가장 작은
> 수의 합과 차를 이용하여
> 구할 수 있도록
> 먼저 두 수의 차를 구해.

> ❷ 가장 큰 수와 가장 작은 수를 한 가지 기호로 나타내기

> ❸ 가장 작은 수 구하기

답 _____

4일 수학 문해력 기르기

문해력 문제 7

냉장고에 달걀이 **36개** 있었습니다. /
그중 **몇 개**를 사용하여 달걀찜을 만들고, /
9개를 삶았더니 **8개**가 남았습니다. /
달걀찜을 만드는 데 사용한 달걀은 몇 개인가요?
└→ 구하려는 것

해결 전략

달걀찜을 만든 달걀의 수를 구하려면

❶ 주어진 조건을 그림으로 나타내고

❷ 위 ❶에서 나타낸 그림을 보고 뺄셈식을 세워 계산한다.

문제 풀기

❶ 주어진 조건을 그림으로 나타내기

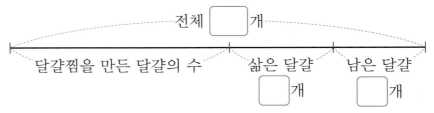

전체 $\boxed{}$ 개

달걀찜을 만든 달걀의 수   삶은 달걀 $\boxed{}$ 개   남은 달걀 $\boxed{}$ 개

❷ (달걀찜을 만드는 데 사용한 달걀의 수)
┌→ +, − 중 알맞은 것 쓰기
$= 36 - 9 \bigcirc 8 = \boxed{}$ (개)

답 _____

문해력 레벨업

문제에서 주어진 것들을 그림으로 나타내 보자.

예 사탕이 10개 있었는데 동생이 몇 개 먹고, 내가 2개 먹었더니 3개가 남았다.

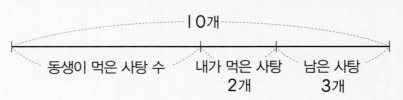

10개

동생이 먹은 사탕 수   내가 먹은 사탕 수 2개   남은 사탕 3개

그림으로 나타낼 때 전체 수를 나타내고 동생과 내가 먹은 사탕 수와 남은 사탕 수를 나타내 봐.

쌍둥이 문제

7-1 연주가 밭에서 상추를 82장 땄습니다./ 딴 상추를 정규에게 몇 장 주고,/ 진아에게 24장 주었더니/ 39장이 남았습니다./ 정규에게 준 상추는 몇 장인가요?

따라 풀기 ❶

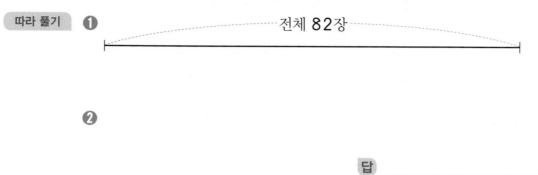

전체 82장

❷

답 _____

문해력 레벨 1

7-2 준서와 현아가 색종이 몇 장을 가지고 있었습니다./ 준서가 색종이를 38장 사고,/ 현아가 색종이를 25장 샀더니/ 색종이가 모두 89장이 되었습니다./ 처음 준서와 현아가 가지고 있던 색종이는 몇 장인가요?

스스로 풀기 ❶

전체 89장

❷

답 _____

문해력 레벨 1

7-3 윤지의 ※무선 이어폰은 완전히 충전하면 72시간 동안 사용할 수 있습니다./ 완전히 충전한 무선 이어폰을 음악을 듣는 데 9시간 동안 사용하고,/ 영화를 보는 데 몇 시간 동안 사용했더니/ 사용할 수 있는 시간이 49시간 남았습니다./ 윤지가 무선 이어폰을 사용하여 영화를 본 시간은 몇 시간인가요?

스스로 풀기 ❶ 주어진 조건을 그림으로 나타내기

전체 72시간

문해력 백과 📖

무선 이어폰: 선이 없이 쓸 수 있는 이어폰

❷ 무선 이어폰을 사용하여 영화를 본 시간 구하기

답 _____

수학 문해력 기르기

관련 단원 덧셈과 뺄셈

문해력 문제 8

은서가 집에서 분식점을 지나 편의점까지 걸으면 **47**걸음이고,/
분식점에서 편의점을 지나 학교까지 걸으면 **45**걸음입니다./
집에서 분식점과 편의점을 지나 학교까지 걸으면 **76**걸음일 때/
분식점에서 편의점까지 걸으면 몇 걸음인가요?
└ 구하려는 것

해결 전략

❶ 주어진 조건을 그림으로 그려서

❷ (집~편의점)의 걸음 수와 (＿＿＿＿＿~학교)의 걸음 수를 더한 후,

❸ 위 ❷에서 구한 걸음 수에서 (집~＿＿＿＿)의 걸음 수를 뺀다.

문제 풀기

❶ 주어진 조건을 그림으로 나타내기

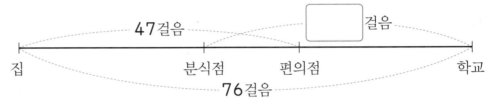

47걸음 　　　 ☐걸음

집 　　　 분식점 　　 편의점 　　　 학교

76걸음

❷ (집~편의점)의 걸음 수＋(분식점~학교)의 걸음 수

＝47＋45＝☐(걸음)

❸ (분식점~편의점)의 걸음 수＝☐－76＝☐(걸음)

답 ＿＿＿＿＿＿＿＿＿

문해력 레벨업

그림을 이용하여 겹쳐지는 부분을 구하자.

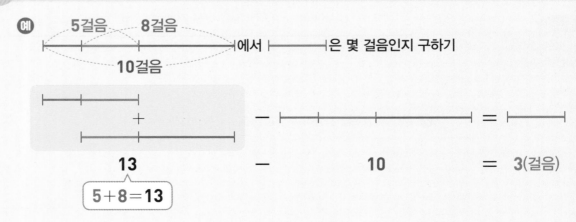

(예)

5걸음　8걸음　　　에서 ├──┤은 몇 걸음인지 구하기

10걸음

☐ ＋ ☐ － ☐ ＝ ☐

13 － **10** ＝ **3**(걸음)

$5+8=13$

쌍둥이 문제

8-1 세윤이가 우체국에서 서점을 지나 은행까지 걸으면 **49**걸음이고,/ 서점에서 은행을 지나 약국까지 걸으면 **48**걸음입니다./ 우체국에서 서점과 은행을 지나 약국까지 걸으면 **79**걸음일 때/ 서점에서 은행까지 걸으면 몇 걸음인가요?

따라 풀기 ❶

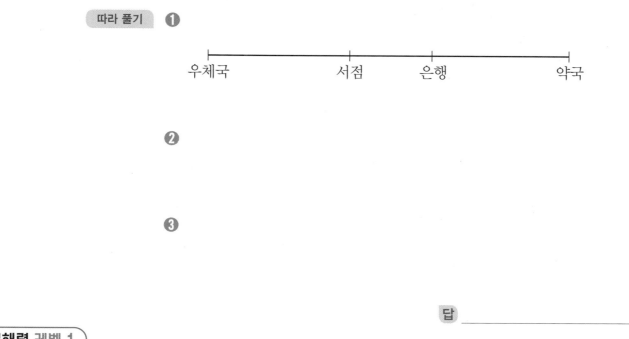

❷

❸

답 _____

문해력 레벨 1

8-2 민하가 ㉠에서 ㉡을 지나 ㉢까지 걸으면 **37**걸음이고,/ ㉡에서 ㉢을 지나 ㉣까지 걸으면 **59**걸음입니다./ ㉡에서 ㉢까지 걸으면 **18**걸음일 때/ ㉠에서 ㉡과 ㉢을 지나 ㉣까지 걸으면 몇 걸음인가요?

스스로 풀기 ❶ 주어진 조건을 그림으로 나타내기

(㉠~㉣)의 걸음 수는 (㉠~㉢)과 (㉡~㉣)의 합을 구한 다음 (㉡~㉢)을 빼.

❷ (㉠~㉢)의 걸음 수와 (㉡~㉣)의 걸음 수의 합 구하기

❸ (㉠~㉣)의 걸음 수 구하기

답 _____

수학 문해력 완성하기

기출 1 선주는 집에 있는 블록을 모양별로 분류해 본 후/ 다시 색깔에 따라 분류하였습니다./ 빨간색 블록이 노란색 블록보다 **2**개 더 많을 때/ 노란색 공 모양 블록은 몇 개인가요?

	상자 모양 블록	둥근기둥 모양 블록	공 모양 블록
빨간색 블록	17개	8개	16개
노란색 블록	13개	9개	

해결 전략

빨간색 블록이 노란색 블록보다 **2**개 더 많다.
➡ (빨간색 블록)＝(노란색 블록)＋**2**
➡ (노란색 블록)＝(빨간색 블록)－**2**

※19년 상반기 20번 기출 유형

문제 풀기

❶ 빨간색 블록의 수 구하기

(빨간색 블록의 수)＝17＋8＋16＝ ⬚ (개)

❷ 노란색 블록의 수 구하기

(노란색 블록의 수)＋2＝(빨간색 블록의 수)이므로

(노란색 블록의 수)＝ ⬚ －2＝ ⬚ (개)
　　　　　　　└❶에서 구한 빨간색 블록의 수

❸ 노란색 공 모양 블록의 수 구하기

(노란색 공 모양 블록의 수)＝ ⬚ －13－9＝ ⬚ (개)
　　　　　　　　　　└❷에서 구한 노란색 블록의 수

답 ＿＿＿＿＿＿＿＿＿＿＿

📖 복습책 19~20쪽에 유사, 심화문제 제공

관련 단원 덧셈과 뺄셈

기출 2 오른쪽과 같이 세 원 가, 나, 다를 겹치게 그렸습니다./ 한 원 안에 있는 네 수의 합이 각각 **95**일 때/ ㉠, ㉡, ㉢의 값을 구하세요.

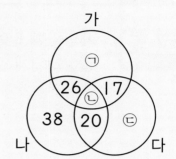

해결 전략

❶ 원 안에 모르는 수가 한 개인 원 나에서 ㉡을 포함한 네 수의 합이 95임을 이용하여 ㉡의 값 구하기

➡

❷ 원 가에서 ㉠의 값 구하기

❸ 원 다에서 ㉢의 값 구하기

※20년 상반기 21번 기출 유형

문제 풀기

❶ 원 나에서 ㉡의 값 구하기

$38+26+20+$ ㉡ $=$ ☐ 이므로 ㉡ $=$ ☐ $-38-26-20,$ ㉡ $=$ ☐ 이다.

❷ 원 가에서 ㉠의 값 구하기

㉡ $=$ ☐ 이므로 ㉠ $+26+11+17=95$이므로

㉠ $=$ _____

❸ 원 다에서 ㉢의 값 구하기

㉡ $=$ ☐ 이므로 $17+11+20+$ ㉢ $=95$이므로

㉢ $=$ _____

답 ㉠: _____ , ㉡: _____ , ㉢: _____

수학 문해력 완성하기

관련 단원 덧셈과 뺄셈

융합 3 새의 전체 길이와 날개 길이를 조사하였습니다./ 말똥가리, 갈매기, 까치 중/ 전체 길이와 날개 길이의 차가/ 가장 큰 새를 찾아 쓰세요.

이름	말똥가리	갈매기	까치
사진			
전체 길이(cm)	53	44	46
날개 길이(cm)	39	35	19

해결 전략

❶ 새의 전체 길이와 날개 길이의 차 구하기 → ❷ ❶에서 구한 길이의 차를 비교하기

문제 풀기

❶ 전체 길이와 날개 길이의 차를 각각 구하기

말똥가리: 53－39＝ ☐ (cm), 갈매기: 44－ ☐ ＝ ☐ (cm),

까치: 46－ ☐ ＝ ☐ (cm)

❷ 위 ❶에서 구한 길이의 차를 비교하여 전체 길이와 날개 길이의 차가 가장 큰 새 구하기

☐ cm ＞ ☐ cm ＞ ☐ cm이므로 전체 길이와 날개 길이의 차가

가장 큰 새는 ☐ 이다.

답 _____

관련 단원 덧셈과 뺄셈

창의 4

|보기|와 같이 빨간색 버튼과 노란색 버튼을 누르면/ 일정한 수만큼 수가 커집니다.

┌ 보기 ┐

24 → ⬤ → 31   43 → ⬤ → 51

버튼을 누르기 전과 누른 후의 수를 보고/ 어느 색 버튼을 눌렀는지 차례로 쓰세요.

55 → ⬤ → 63 → ⬤ → 70

해결 전략

예 3 → ⬤ → 10 ◁ 버튼을 눌렀을 때 수가 **10−3=7**만큼 커진다.

문제 풀기

❶ 각 버튼을 눌렀을 때 수가 얼마만큼 커지는지 구하기

빨간색 버튼: 24가 31이 되었으므로 31−24= ☐ 만큼 커진다.

노란색 버튼: 43이 51이 되었으므로 51−43= ☐ 만큼 커진다.

❷ 첫 번째로 누른 버튼의 색 구하기

55가 ☐ 이 되었으므로 ☐ −55= ☐ 만큼 커졌다. ➡ ☐ 색 버튼

❸ 두 번째로 누른 버튼의 색 구하기

63이 ☐ 이 되었으므로 ☐ −63= ☐ 만큼 커졌다. ➡ ☐ 색 버튼

답 _____ , _____

수학 문해력 평가하기

40쪽 문해력 1

1 과일 가게에서 사과는 33개 팔렸고, 참외는 사과보다 15개 더 적게 팔렸습니다. 팔린 사과와 참외는 모두 몇 개인가요?

풀이

답 _____

42쪽 문해력 2

2 대나무가 어제보다 36 cm 더 자랐습니다. 오늘 대나무의 높이가 92 cm라면 어제 대나무의 높이는 몇 cm인가요?

풀이

답 _____

44쪽 문해력 3

3 어떤 수에서 39를 빼야 할 것을 잘못하여 더했더니 83이 되었습니다. 바르게 계산한 값은 얼마인가요?

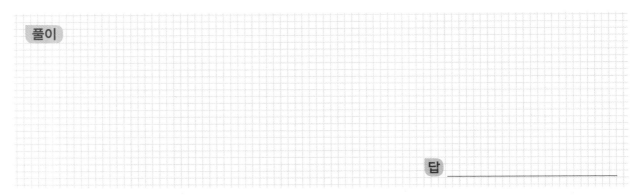

풀이

답 _____

48쪽 문해력 **5**

4 어느 도서관의 어제와 오늘 [*]대출 도서와 [*]반납 도서의 수입니다. 대출 도서와 반납 도서 중 이틀 동안 더 많은 것은 어느 것인가요?

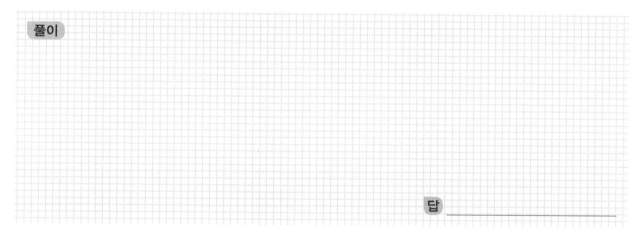

	어제	오늘
대출 도서	87권	65권
반납 도서	94권	86권

풀이

답 _____

46쪽 문해력 **4**

5 각자의 수 카드에 적힌 두 수의 합은 같습니다. 성재가 가지고 있는 뒤집힌 카드에 적힌 수는 얼마인가요?

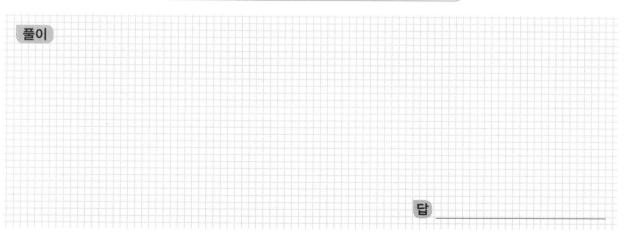

성재의 수 카드		인수의 수 카드	
43		17	55

풀이

답 _____

문해력 어휘 📖
• 대출 도서: 도서관에서 빌린 책   • 반납: 도로 돌려 줌

44쪽 문해력 3

6 어떤 수에 24를 더해야 할 것을 잘못하여 뺐더니 48이 되었습니다. 어떤 수보다 15만큼 더 작은 수는 얼마인가요?

풀이

답 _____

52쪽 문해력 7

7 상현이네 학교 방과 후 교실의 학생 76명은 모두 악기를 한 종류씩 배웁니다. 배우는 악기별로 학생 수가 바이올린은 24명, 플루트는 36명이고, 나머지는 피아노를 배웁니다. 피아노를 배우는 학생은 몇 명인가요?

풀이

답 _____

46쪽 문해력 4

8 빨간색 카드와 초록색 카드에 각각 적힌 두 수의 차는 같습니다. 빨간색 카드 중 뒤집힌 카드의 수가 보이는 카드의 수보다 더 작다면 뒤집힌 카드에 적힌 수는 얼마인가요?

| 52 | | 63 | 26 |

풀이

답 _____

50쪽 문해력 6

9 정우가 생각한 두 수의 합은 85이고, 차는 13입니다. 정우가 생각한 두 수 중 더 큰 수를 구하세요.

풀이

답 _____

54쪽 문해력 8

10 경훈이가 버스 정류장에서 편의점을 지나 보건소까지 걸으면 56걸음이고, 편의점에서 보건소를 지나 지하철역까지 걸으면 34걸음입니다. 버스 정류장에서 편의점과 보건소를 지나 지하철역까지 걸으면 68걸음일 때 편의점에서 보건소까지 걸으면 몇 걸음인가요?

풀이 ❶

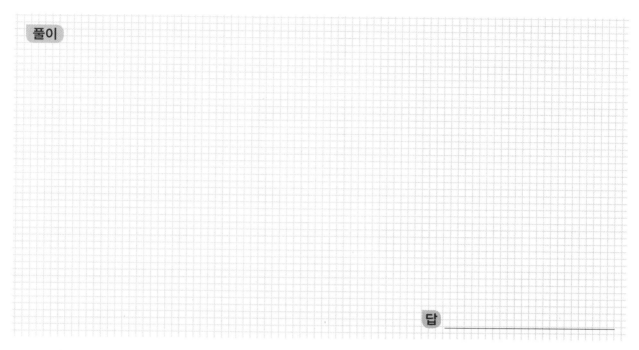

버스 정류장   편의점   보건소   지하철역

❷

❸

답 _____

곱셈

곱셈은 일상생활에서 묶음으로 되어 있는 물건의 전체 수를 구할 때 사용하는 연산이예요. 이번 단원을 공부하다 보면 곱셈이라는 새로운 연산을 사용하여 여러 번 더하는 것보다 곱셈이 간단하고 편리함을 알 수 있을 거예요.

이번 주에 나오는 **어휘 & 지식백과** 🔍

문해력 기초 다지기

○ 연산 문제가 어떻게 문장제가 되는지 알아봅니다.

1 2×3=☐ ≫ **2**씩 **3**묶음은 몇인가요?

식 _____ 2×3=☐_____

답 _____

2 6×4=☐ ≫ **6**의 **4**배는 몇인가요?

식 _____

답 _____

3 7×5=☐ ≫ **7**과 **5**의 곱은 몇인가요?

식 _____

답 _____

4 5×6=☐ ≫ 달걀이 **5**개씩 **6**묶음 있습니다.
달걀은 모두 몇 개인가요?

식 _____ 꼭! 단위까지
따라 쓰세요.

답 _____ 개

5 4×3= ⬚

>> 노란색 풍선이 **4**개 있습니다.
빨간색 풍선은 노란색 풍선 수의 **3**배만큼 있다면
빨간색 풍선은 모두 몇 개인가요?

식 _____ 4×3= ⬚

꼭! 단위까지
따라 쓰세요.

답 _____ 개

6 2×9= ⬚

>> 천재 놀이 공원의 싱싱열차는
의자가 **2**개씩 **9**줄로 되어 있습니다.
싱싱열차의 의자는 모두 몇 개인가요?

출처: © Bertl 123/shutterstock

식 _____

답 _____ 개

7 8×5= ⬚

>> 경희의 나이는 **8**살입니다.
어머니의 나이는 경희 나이의 **5**배라면
어머니의 나이는 몇 살인가요?

식 _____

답 _____ 살

문해력 기초 다지기

○ 간단한 문장제를 풀어 봅니다.

1 마트에서 양송이를 **6**개씩 **3**묶음 샀습니다.
마트에서 산 양송이는 모두 몇 개인가요?

식 _____ 답 _____

2 달달 카페에는 한 테이블에 의자가 **4**개씩 놓여 있습니다.
달달 카페에 테이블이 **7**개 있다면
의자는 모두 몇 개인가요?

식 _____ 답 _____

3 천재항공의 부산행 비행기는 **9**대이고,
제주도행 비행기 수는 부산행 비행기 수의 **2**배입니다.
제주도행 비행기는 모두 몇 대인가요?

출처: © Getty Images Bank

식 _____ 답 _____

4 수지가 문제집을 **7쪽** 풀었습니다.
영수가 푼 문제집 쪽수는 수지가 푼 문제집 쪽수의 **3배**라면
영수가 푼 문제집은 모두 몇 쪽인가요?

식 _____   답 _____

5 피자 한 판이 **8조각**으로 나누어져 있습니다.
피자가 **3판** 있다면
피자는 모두 몇 조각으로 나누어져 있나요?

식 _____   답 _____

6 행복 마카롱 가게에서 마카롱을 한 상자에 **6개씩** 담아 팔고
있습니다.
8상자를 팔았다면
판 마카롱은 모두 몇 개인가요?

출처: ⓒ Sergey Gerashchenko/shutterstock

식 _____   답 _____

7 새의 다리는 **2개**입니다.
게의 다리 수는 새의 다리 수의 **5배**라면
게의 다리는 모두 몇 개인가요?

식 _____   답 _____

준비
학습

69

1_일 수학 문해력 기르기

관련 단원 곱셈

문해력 문제 1

닭꼬치가 한 상자에 **2**개씩 **3**묶음 들어 있습니다./
4상자에 들어 있는 닭꼬치는 모두 몇 개인가요?
└ 구하려는 것

해결 전략

한 상자에 들어 있는 닭꼬치 수를 구하려면

❶ (한 묶음의 닭꼬치 수) ◯ (한 상자에 들어 있는 묶음 수)를 구하고,
└ +, −, × 중 알맞은 것 쓰기

4상자에 들어 있는 닭꼬치 수를 모두 구하려면

❷ (한 상자에 들어 있는 닭꼬치 수) ◯ (상자 수)를 구하자.

문제 풀기

❶ (한 상자에 들어 있는 닭꼬치 수)

$= 2 \times 3 = \boxed{}$ (개)

❷ (4상자에 들어 있는 닭꼬치 수)

$= \boxed{} \times 4 = \boxed{}$ (개)

답 _____

문해력 레벨업

문장에 쓰인 곱셈 표현을 찾아 곱셈식으로 나타내자.

| 2씩 3묶음 | 2의 3배 | 2씩 3번 |

모두 **2 × 3**을 나타냅니다.

• 정답과 해설 **12**쪽
복습책 21쪽에 유사, 심화문제 제공

쌍둥이 문제

1-1 유진이가 생각하고 있는 수는/ 2씩 4번 뛰어 센 수입니다./
이 수의 6배 한 수를 구하세요.

따라 풀기 **❶**

❷

답 _____

문해력 레벨 1

1-2 닭장 한 곳에/ 닭이 3마리씩 있습니다./ 닭장 2곳에 있는/ 닭의 다리는 모두 몇
개인가요?

스스로 풀기 **❶**

❷

답 _____

문해력 레벨 2

1-3 막대 사탕이 한 봉지에 3개씩 들어 있고,/ 상자마다 3봉지씩/ 4상자가 있습니
다./ 이 중에서 7개를 꺼내 먹었다면/ 남은 막대 사탕은 몇 개인가요?

스스로 풀기 **❶** 한 상자에 들어 있는 막대 사탕 수 구하기

❷ 4상자에 들어 있는 막대 사탕 수 구하기

❸ 먹고 남은 막대 사탕 수 구하기

답 _____

관련 단원 곱셈

문해력 문제 2

냉동실에 가래떡 핫도그가 **6개씩 5봉지**,/
치즈 핫도그가 **5개씩 4봉지** 있습니다./
핫도그는 모두 몇 개인가요?
└ 구하려는 것

해결 전략

┌ 가래떡 핫도그 수를 구하려면 ┐
❶ 6개씩 5봉지이므로 6 ◯ 5를 구하고,
└ +, −, × 중 알맞은 것 쓰기

┌ 치즈 핫도그 수를 구하려면 ┐
❷ 5개씩 4봉지이므로 5 ◯ 4를 구한 후,

┌ 핫도그 수를 모두 구하려면 ┐
❸ (가래떡 핫도그 수) ◯ (치즈 핫도그 수)를 구한다.

- -

문제 풀기

❶ (가래떡 핫도그 수)=6 × ☐ = ☐ (개)

❷ (치즈 핫도그 수)= ☐ × 4 = ☐ (개)

         가래떡 핫도그 수   치즈 핫도그 수
❸ (핫도그 수)= ☐ + ☐ = ☐ (개)

답 _____

문해력 레벨업

곱한 수를 더할지 뺄지 알아보자.

예 오토바이 7대와 자동차 3대가 있을 때

┌ 바퀴는 모두 몇 개인지 구하기 ┐
↓
(오토바이의 바퀴 수) **+** (자동차의 바퀴 수)
└ 2×7=14(개)   └ 4×3=12(개)

┌ 어느 것의 바퀴가 몇 개 더 많은지 구하기 ┐
↓
(오토바이의 바퀴 수) **—** (자동차의 바퀴 수)
└ 2×7=14(개)   └ 4×3=12(개)

2-1 밭에 고추 [※]모종을 7개씩 6줄,/ 배추 모종을 8개씩 5줄 심었습니다./ 밭에 심은 고추 모종과 배추 모종은 모두 몇 개인가요?

따라 풀기 ❶

문해력 어휘 📖

모종: 옮겨 심기 위해
가꾼 씨앗의 싹

❷

❸

답 _____

문해력 레벨 1

2-2 음식물 쓰레기봉투를 5장씩 5묶음,/ 재활용 쓰레기봉투를 4장씩 6묶음 샀습니다./ 음식물 쓰레기봉투를 재활용 쓰레기봉투보다 몇 장 더 많이 샀나요?

스스로 풀기 ❶

❷

❸

답 _____

문해력 레벨 2

2-3 공원에 두발자전거를 타는 학생이 9명,/ 세발자전거를 타는 학생이 5명 있습니다./ 공원에서 학생들이 타고 있는 자전거의 바퀴는 모두 몇 개인가요?

스스로 풀기 ❶ 두발자전거의 바퀴 수 구하기

❷ 세발자전거의 바퀴 수 구하기

❸ 학생들이 타고 있는 자전거의 바퀴 수 구하기

답 _____

수학 문해력 기르기

관련 단원 곱셈

문해력 문제 3

성범이와 한솔이는 *맛집 탐방을 했습니다./
만두가 유명한 가게에 가서 만두를 한솔이는 **3개** 먹었고,/
성범이는 한솔이의 **2배**만큼 먹었습니다./
한솔이와 성범이가 먹은 만두는 모두 몇 개인가요?
└ 구하려는 것

해결 전략

📖 **문해력 백과**

맛집 탐방: 음식의 맛이 뛰어나기로 유명한 음식집을 찾아가 음식을 맛 봄.

┌ 성범이가 먹은 만두 수를 구하려면 ┐

❶ (한솔이가 먹은 만두 수)× ☐ 를 구하고,

┌ 한솔이와 성범이가 먹은 만두 수의 합을 구하려면 ┐

❷ (한솔이가 먹은 만두 수) ◯ (성범이가 먹은 만두 수)를 구한다.
└ +, −, × 중 알맞은 것 쓰기

문제 풀기

❶ (성범이가 먹은 만두 수)

＝3× ☐ ＝ ☐ (개)

❷ (한솔이와 성범이가 먹은 만두 수의 합)

＝3＋ ☐ ＝ ☐ (개)

답 _____

문해력 레벨업

먼저 구할 것을 찾아보자.

예 사과를 현수는 2개 먹었고, 승호는 현수가 먹은 사과 수의 3배만큼 먹었을 때 현수와 승호가 먹은 사과는 모두 몇 개인지 구하기

구해야 하는 것 (현수가 먹은 사과 수)＋(승호가 먹은 사과 수)

┌ 문제에 주어진 것 ┐
2개

┌ 먼저 구해야 하는 것 ┐
(현수가 먹은 사과 수)×3＝2×3

쌍둥이 문제

3-1 소풍날 은정이와 지용이는 도시락에 유부초밥을 싸 왔습니다./ 유부초밥을 은정이는 **2**개 싸 왔고,/ 지용이는 은정이의 **5**배만큼 싸 왔습니다./ 은정이와 지용이가 싸 온 유부초밥은 모두 몇 개인가요?

따라 풀기 ❶

❷

답 _____

문해력 레벨 1

3-2 예린이가 호두를 ※그제는 **6**개,/ 어제는 **5**개 먹었고,/ 오늘은 어제 먹은 호두 수의 **3**배만큼 먹었습니다./ 예린이가 그제부터 오늘까지 먹은 호두는 모두 몇 개인가요?

스스로 풀기 ❶

출처: © oriori/shutterstock

문해력 어휘
그제: 어제의 전날

❷

답 _____

문해력 레벨 2

3-3 자전거를 빌릴 수 있는 곳에 자전거는 **9**대 있고,/ 킥보드는 자전거 수의 **4**배만큼 있습니다./ 킥보드는 자전거보다 몇 대 더 많은가요?

스스로 풀기 ❶ 킥보드 수 구하기

❷ 킥보드는 자전거보다 몇 대 더 많은지 구하기

답 _____

관련 단원 곱셈

문해력 문제 4

준서는 구슬을 **4개** 가지고 있습니다./
원재는 구슬을 준서의 **6배만큼** 가지고 있고,/
수지는 구슬을 원재보다 **9개 더 적게** 가지고 있습니다./
수지가 가지고 있는 구슬은 몇 개인가요?

└ 구하려는 것

해결 전략

┌ 원재가 가지고 있는 구슬 수를 구하려면 ┐

❶ (준서가 가지고 있는 구슬 수)×[　　]을 구하고,

┌ 수지가 가지고 있는 구슬 수를 구하려면 ┐

❷ (원재가 가지고 있는 구슬 수)－[　　]를 구한다.

문제 풀기

❶ (원재가 가지고 있는 구슬 수)

　＝4×[　　]＝24(개)

❷ (수지가 가지고 있는 구슬 수)

　＝[　　]－9＝[　　](개)

답 ＿＿＿＿＿＿＿＿＿＿

문해력 레벨업

알 수 있는 것부터 순서대로 구하자.

문장을　　　　　　　　　　　**식으로 나타내기**

① 빨간 공은 2개 있습니다. ⟶ (빨간 공)＝**2**

② 파란 공은 빨간 공의 6배만큼 있습니다. ⟶ (파란 공)＝(빨간 공)×6＝**2**×6＝**12**

③ 초록 공은 파란 공보다 5개 더 많습니다. ⟶ (초록 공)＝(파란 공)＋5＝**12**＋5＝**17**

쌍둥이 문제

4-1 체육관에 농구공, 탁구공, 테니스공이 있습니다./ 농구공은 **8**개 있고,/ 탁구공은 농구공 수의 **7**배만큼 있습니다./ 테니스공은 탁구공 수보다 **5**개 더 적게 있다면/ 테니스공은 몇 개 있나요?

따라 풀기 ❶

❷

답 _____

문해력 레벨 1

4-2 가전제품 매장에서 한 달 동안 팔린 로봇 청소기 수는 **3**씩 **3**번 뛰어 센 수입니다./ ※인공 지능 스피커는 로봇 청소기 수의 **5**배만큼 팔렸습니다./ 인공 지능 스피커는 몇 대 팔렸나요?

스스로 풀기 ❶ 팔린 로봇 청소기 수 구하기

문해력 어휘 📖

인공 지능: 컴퓨터가 인간처럼 생각하고 학습하고 판단하여 스스로 행동하도록 만드는 기술

❷ 팔린 인공 지능 스피커 수 구하기

답 _____

문해력 레벨 2

4-3 세호네 반 학생은 체험 학습에 가서 빵을 한 개씩 먹었습니다./ 팥빵을 먹은 학생은 **8**명입니다./ 피자빵을 먹은 학생은 팥빵을 먹은 학생 수의 **2**배이고,/ 크림빵을 먹은 학생은 피자빵을 먹은 학생 수보다 **12**명 더 적습니다./ 세호네 반 학생은 모두 몇 명인가요?

스스로 풀기 ❶ 피자빵을 먹은 학생 수 구하기

❷ 크림빵을 먹은 학생 수 구하기

❸ 세호네 반 학생 수 구하기

답 _____

2일

수학 문해력 기르기

문해력 문제 5

3장의 수 카드 3 , 6 , 9 중에서/
2장을 뽑아 한 번씩만 사용하여/ **곱셈식을 만들려고** 합니다./
만들 수 있는 곱셈식 중/ **계산 결과가 가장 클 때의 값**을 구하세요.
└ 구하려는 것

해결 전략

❶ 주어진 **수 카드의 수의 크기**를 비교하고

┌ 계산 결과가 가장 크려면
❷ (가장 큰 수) ◯ (두 번째로 큰 수)를 구한다.
└ +, −, × 중 알맞은 것 쓰기

문제 풀기

❶ 수의 크기 비교: ☐ > ☐ > 3

❷ 계산 결과가 가장 클 때의 값:

$9 \times$ ☐ $=$ ☐

답 _____

문해력 레벨업

수의 크기를 비교하여 계산 결과가 가장 큰(작은) 곱셈식을 만들자.

예 6 > 5 > 3일 때 서로 다른 두 수의 곱 구하기

┌ 계산 결과가 가장 큰 곱셈식
(가장 큰 수) × (두 번째로 큰 수)
6　　　　　　　　5

┌ 계산 결과가 가장 작은 곱셈식
(가장 작은 수) × (두 번째로 작은 수)
3　　　　　　　　5

5-1 3장의 수 카드 5 , 4 , 7 중에서/ 2장을 뽑아 한 번씩만 사용하여/ 곱셈식을 만들려고 합니다./ 만들 수 있는 곱셈식 중/ 계산 결과가 가장 클 때의 값을 구하세요.

따라 풀기 ❶

❷

답 _____

문해력 레벨 1

5-2 3장의 수 카드 2 , 3 , 7 중에서/ 2장을 뽑아 한 번씩만 사용하여/ 곱셈식을 만들려고 합니다./ 만들 수 있는 곱셈식 중/ 계산 결과가 가장 작을 때의 값을 구하세요.

스스로 풀기 ❶

❷

답 _____

문해력 레벨 2

5-3 3장의 수 카드 3 , 5 , 8 중에서/ 2장을 뽑아 한 번씩만 사용하여/ 곱셈식을 만들려고 합니다./ 만들 수 있는 곱셈식 중/ 계산 결과가 가장 작을 때의 값과/ 남은 수의 차는 얼마인가요?

스스로 풀기 ❶ 수 카드의 수의 크기 비교하기

❷ 계산 결과가 가장 작을 때의 값 구하기

❸ 위 ❷의 값과 남은 수의 차 구하기

답 _____

3일 수학 문해력 기르기

문해력 문제 6

효운이는 흰색 양말을 2켤레씩 4묶음,/
검은색 양말을 3켤레씩 2묶음 샀습니다./
흰색과 검은색 중/ 어느 색 양말을 더 많이 샀나요?
└ 구하려는 것

해결 전략

[산 흰색 양말의 수를 구하려면]

→ +, −, ×, >, < 중 알맞은 것 쓰기

❶ 2켤레씩 4묶음이므로 2 ◯ 4를 구하고

[산 검은색 양말의 수를 구하려면]

❷ 3켤레씩 2묶음이므로 3 ◯ 2를 구하고

[더 많이 산 양말의 색을 알아보려면]

❸ 위 ❶과 ❷에서 구한 두 수의 크기를 비교한다.

문제 풀기

❶ (산 흰색 양말의 수)=2× ☐ = ☐ (켤레)

❷ (산 검은색 양말의 수)= ☐ ×2= ☐ (켤레)

흰색   검은색
양말의 수   양말의 수
❸ ☐ ◯ ☐ 이므로 (흰색 , 검은색) 양말을 더 많이 샀다.
                              └ 알맞은 말에 ○표 하기

답 _____

문해력 레벨업

더 많은 것을 찾을 때에는 더 큰 수를 찾자.

더 많은 것 구하기 ➡ 더 큰 수를 찾는다.

더 적은 것 구하기 ➡ 더 작은 수를 찾는다.

쌍둥이 문제

6-1 쿠키를 예나는 5개씩 3봉지,/ 규하는 6개씩 2봉지 샀습니다./ 예나와 규하 중/ 쿠키를 더 많이 산 사람은 누구인가요?

따라 풀기 ❶

❷

❸

답 _____

문해력 레벨 1

6-2 다민이는 라면을 4개씩 2묶음,/ ※즉석 밥을 3개씩 3묶음 샀습니다./ 라면과 즉석 밥 중/ 더 적게 산 것은 무엇인가요?

스스로 풀기 ❶

문해력 어휘

즉석 밥: 간단히 데워서 먹을 수 있도록 포장한 밥

❷

❸

답 _____

문해력 레벨 2

6-3 젤리를 민아는 25개,/ 성호는 30개 가지고 있었습니다./ 젤리를 민아는 하루에 2개씩 7일 동안,/ 성호는 하루에 3개씩 6일 동안 먹었습니다./ 민아와 성호 중/ 남은 젤리가 더 많은 사람은 누구인가요?

스스로 풀기 ❶ 민아가 먹은 젤리 수를 구하여 남은 젤리 수 구하기

❷ 성호가 먹은 젤리 수를 구하여 남은 젤리 수 구하기

❸ 남은 젤리 수 비교하기

답 _____

수학 문해력 기르기

문해력 문제 7

준영이는 책을 매일 같은 쪽수로 **3일 동안** 읽었더니/
읽은 쪽수가 **2 l** 쪽이 되었습니다./
하루에 책을 몇 쪽씩 읽었나요?
└ 구하려는 것

해결 전략

전체 읽은 쪽수를 나타내는 곱셈식을 쓰려면

❶ 하루에 읽은 쪽수를 ■라 하여

■×(책을 읽은 날수)＝(전체 읽은 쪽수)로 식을 써서

하루에 읽은 책의 쪽수를 구하려면

❷ 위 ❶에서 쓴 곱셈식을 덧셈식으로 나타내어 ■를 구하자.

문제 풀기

❶ 하루에 읽은 쪽수를 ■라 하면

■×3＝ ☐ 이다.

❷ 곱셈식을 덧셈식으로 나타내어 ■ 구하기

■×3＝■＋■＋■＝ ☐ 이고,

7＋7＋7＝ ☐ 이므로 ■＝ ☐ 이다.

➡ 하루에 책을 ☐ 쪽씩 읽었다.

답 _____

문해력 레벨업

곱셈식을 덧셈식으로 나타내어 모르는 수를 구하자.

어떤 수의 **3배**는 **15**입니다.

☐ ×3 ＝15

☐＋☐＋☐

☐는 **3번** 더했을 때 **15**가 되는 수이다.

쌍둥이 문제

7-1 수영이가 만화 캐릭터 카드를 매주 같은 수로 3주일 동안 사 모았더니/ 18장이 되었습니다./ 1주일에 산 만화 캐릭터 카드는 몇 장인가요?

따라 풀기   ❶

❷

답 _____

문해력 레벨 1

7-2 어떤 수에 5를 곱했더니/ 20이 되었습니다./ 어떤 수를 구하세요.

스스로 풀기   ❶

❷

답 _____

문해력 레벨 2

7-3 도넛이 한 상자에 6개씩 2상자 있습니다./ 이 도넛을 한 명이 4개씩 먹는다면/ 몇 명이 먹을 수 있나요?

스스로 풀기   ❶ 도넛의 수 구하기

❷ 먹을 수 있는 사람 수를 □라 하여 곱셈식으로 나타내기

❸ 곱셈식을 덧셈식으로 나타내어 □ 구하기

답 _____

수학 문해력 기르기

관련 단원 곱셈

문해력 문제 8

다음과 같이 어떤 수를 넣으면 ◆배가 되어 나오는 상자가 있습니다. /
이 상자에 **2**를 넣었더니 **6**이 나왔습니다. /
5를 넣으면 얼마가 나오는지 구하세요.
└ 구하려는 것

$2 \rightarrow \boxed{\times ◆} \rightarrow 6$　　　　$5 \rightarrow \boxed{\times ◆} \rightarrow ?$

해결 전략

┌ 2를 넣었을 때 6이 나왔으니까 ┐

❶ $2 \times ◆ = \boxed{}$ 으로 식을 써서

┌ 상자의 규칙을 찾아야 하니까 ┐

❷ 2를 ◆번 더한 수가 $\boxed{}$ 임을 이용해 ◆를 구하고

┌ 5를 넣었을 때 나오는 수를 구해야 하니까 ┐

❸ $5 \times ◆$를 구한다.

- -

문제 풀기

❶ 왼쪽 그림의 식 쓰기: $2 \times ◆ = \boxed{}$

❷ ◆ 구하기

$2 + 2 + 2 = 6$이므로 $2 \times \boxed{} = 6 \rightarrow ◆ = \boxed{}$ 이다.

❸ 상자에 5를 넣으면 $5 \times \boxed{} = \boxed{}$ 가 나온다.

답 _____

문해력 레벨업

각 단어를 대신해 써넣을 수 있는 수를 찾아 식을 계산하자.

어떤 수를 넣으면 몇 배가 되어 나오는 상자에 3을 넣었더니 15가 나왔다.

3　　　　$\times \square$　　　$= 15$

8-1 다음과 같이 어떤 수를 넣으면 ♣배가 되어 나오는 상자가 있습니다./ 이 상자에 9를 넣었더니 **36**이 나왔습니다./ **7**을 넣으면 얼마가 나오는지 구하세요.

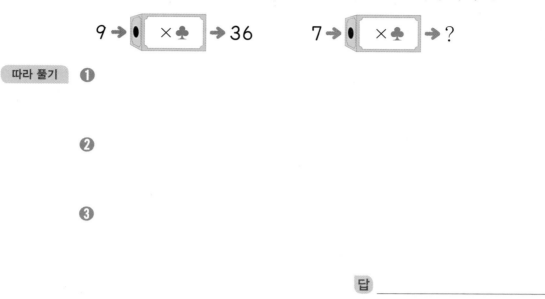

따라 풀기 ❶

❷

❸

답 _____

8-2 다음과 같이 어떤 수를 넣으면 ★배가 되어 나오는 상자가 있습니다./ 이 상자에 **4**를 넣었더니 **8**이 나왔고,/ ●를 넣었더니 **16**이 나왔습니다./ ●에 알맞은 수를 구하세요.

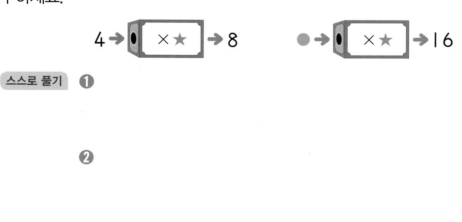

스스로 풀기 ❶

❷

❸ ● 구하기

답 _____

수학 문해력 완성하기

관련 단원 곱셈

기출 1 ■에 알맞은 수를 구하세요.

> 7×7은 $5 \times$ ■보다 19만큼 더 큽니다.

해결 전략

7×7은 $5 \times$ ■보다 19만큼 더 큽니다.

$5 \times$ ■는 7×7보다 19만큼 더 작습니다.

※21년 하반기 19번 기출 유형

문제 풀기

❶ 주어진 문장을 바꾸어 나타내기

$5 \times$ ■보다 19만큼 더 큰 수가 7×7이므로

$5 \times$ ■는 7×7보다 19만큼 더 (작다 , 크다).

❷ 위 ❶에서 바꾸어 나타낸 문장을 식으로 나타내기

$7 \times 7 = \boxed{}$ 이므로 $5 \times$ ■는 $\boxed{}$ 보다 19만큼 더 (작다 , 크다).

식: $5 \times$ ■ $= \boxed{} - 19$ ➡ $5 \times$ ■ $= \boxed{}$

❸ 덧셈식을 이용해 ■ 구하기

$5+5+5+5+5+5 = \boxed{}$ 이므로 $5 \times \boxed{} = 30$ ➡ ■ $= \boxed{}$ 이다.

답 _____

관련 단원 곱셈

기출 2

3개의 수 1, 3, 5 중/ 서로 다른 두 수를 사용하여/ 두 수의 합과 곱을 만들었더니/ |보기|와 같이 6개의 서로 다른 수가 만들어졌습니다./

┌─ |보기| ─┐
합: 1+3=④, 1+5=⑥, 3+5=⑧
곱: 1×3=③, 1×5=⑤, 3×5=⑮
└─────────┘

4개의 수 2, 4, 6, 8 중/ 서로 다른 두 수를 사용하여/ |보기|와 같이 두 수의 합과 곱을 만들려고 합니다./ 만들 수 있는 서로 다른 수는/ 모두 몇 개인가요?

해결 전략

• 서로 다른 두 수를 사용하여 ➡ 2+2, 2×2, 4+4, ...는 계산하지 않는다.
• 만들 수 있는 서로 다른 수 ➡ 합과 곱에서 같은 수가 나오면 한 번씩만 센다.

※20년 하반기 21번 기출 유형

문제 풀기

❶ 서로 다른 두 수의 합을 구하기

2+4=☐, 2+6=☐, 2+8=☐,

4+6=☐, 4+8=☐, 6+8=☐

❷ 서로 다른 두 수의 곱을 구하기

2×4=☐, 2×6=☐, 2×8=☐,

4×6=☐, 4×8=☐, 6×8=☐

❸ 만들 수 있는 서로 다른 수를 모두 써서 개수 세기

_____

답 _____

5일 수학 문해력 완성하기

관련 단원 곱셈

창의 3

달콤 빵집에서는 빵과 생크림을 하나씩 선택해/ 나만의 케이크를 만들어줍니다./ 달콤 빵집에 있는 빵과 생크림이 다음과 같을 때/ 만들 수 있는 나만의 케이크는/ 모두 몇 가지인가요?

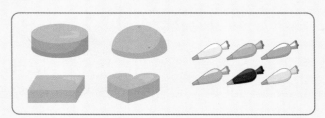

해결 전략

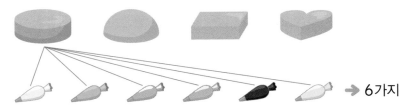

→ 6가지

빵은 **4**가지가 있고 **빵마다 선택할 수 있는** 생크림은 **6**가지이다.
→ 짝 지을 수 있는 방법의 수: (빵의 가짓수) **×** (생크림의 가짓수)

문제 풀기

❶ 빵과 생크림의 가짓수 세어 보기

빵은 [　]가지이고, 생크림은 [　]가지이다.

❷ 만들 수 있는 나만의 케이크 가짓수 구하기

빵마다 선택할 수 있는 생크림은 [　]가지이므로

(만들 수 있는 나만의 케이크 가짓수)= [　] **×** [　] = [　] (가지)이다.

답 _____

관련 단원 곱셈

코딩 4 '시작'에 6을 넣었을 때/ '끝'에 나오는 수를 구하세요.

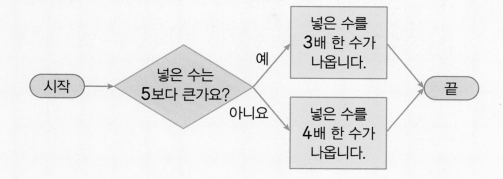

해결 전략

• 넣은 수가 **5**보다 큰 경우 ➡ '예'가 쓰여 있는 화살표 방향으로 따라 간다.
• 넣은 수가 **5**이거나 **5**보다 작은 경우 ➡ '아니요'가 쓰여 있는 화살표 방향으로 따라 간다.

문제 풀기

❶ '시작'에 넣은 수와 5의 크기 비교하기

'시작'에 넣은 수가 [   ]이므로 [   ] (넣은 수) ◯ 5이다.

❷ '예' 또는 '아니요' 중 어느 화살표를 따라 가야 하는지 알아보기

6은 5보다 큰 수이므로 '(예 , 아니요)'로 따라 간다.

❸ '끝'에 나오는 수 구하기

('끝'에 나오는 수)=6× [   ] = [   ]

답 _____

주말 TEST 수학 문해력 평가하기

문제를 읽고 조건을 표시하면서 풀어 봅니다.

70쪽 문해력 1

1 지우개가 한 상자에 2개씩 2줄 들어 있습니다. 5상자에 들어 있는 지우개는 모두 몇 개인 가요?

풀이

답 _____

74쪽 문해력 3

2 윤아는 도화지에 원숭이를 3마리 그리고, 고슴도치를 원숭이 수의 6배만큼 그렸습니다. 윤 아가 도화지에 그린 원숭이와 고슴도치는 모두 몇 마리인가요?

풀이

답 _____

76쪽 문해력 4

3 과일 가게에 한라봉이 6개 있습니다. 배는 한라봉 수의 6배만큼 있고, 사과는 배의 수보다 5개 더 적게 있습니다. 사과는 몇 개 있 나요?

풀이

답 _____

76쪽 문해력 4

4 윤서가 줄넘기를 하고 있습니다. 뒤로 돌려 뛰기는 3씩 2번 뛰어 센 수만큼 했고, 양발 모아 뛰기는 뒤로 돌려 뛰기 한 수의 8배만큼 했습니다. 양발 모아 뛰기는 몇 번 했나요?

풀이

답 _____

80쪽 문해력 6

5 영지 어머니는 무를 9개씩 3묶음, 감을 8개씩 4묶음 샀습니다. 무와 감 중 더 많이 산 것은 무엇인가요?

풀이

답 _____

72쪽 문해력 2

6 마트에 비빔라면이 5개씩 5봉지, 볶음라면이 4개씩 7봉지 진열되어 있습니다. 진열된 라면은 모두 몇 개인가요?

풀이

답 _____

공부한 날   월   일

주말
평가

84쪽 문해력 8

7 다음과 같이 어떤 수를 넣으면 ◆배가 되어 나오는 상자가 있습니다. 이 상자에 2를 넣었더니 10이 나왔습니다. 3을 넣으면 얼마가 나오는지 구하세요.

풀이

답 _____

78쪽 문해력 5

8 3장의 수 카드 4 , 2 , 6 중에서 2장을 뽑아 한 번씩만 사용하여 곱셈식을 만들려고 합니다. 만들 수 있는 곱셈식 중 계산 결과가 가장 클 때의 값과 남은 수의 차는 얼마인가요?

풀이

답 _____

82쪽 문해력 7

9 진아네 가족이 ※주말농장에서 방울토마토 모종을 줄마다 같은 수로 6줄 심었더니 심은 방울토마토 모종이 12개입니다. 한 줄에 심은 방울토마 토 모종은 몇 개인가요?

풀이

답 _____

84쪽 문해력 8

10 어떤 수를 넣으면 ★배가 되어 나오는 상자가 있습니다. 이 상자에 5를 넣었더니 20이 나 왔고, ●를 넣었더니 24가 나왔습니다. ●에 알맞은 수를 구하세요.

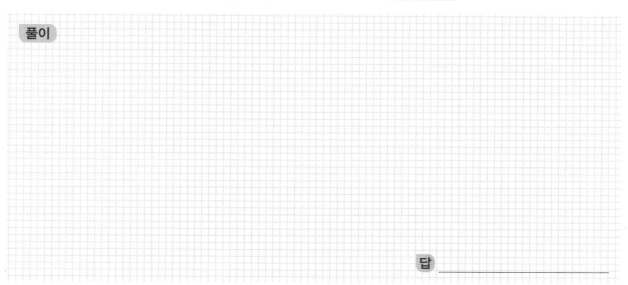

풀이

답 _____

문해력 어휘 📖

주말농장: 주말을 이용해 채소 등을 가꾸는 도시 근처의 농촌 체험장

여러 가지 도형
길이 재기

여러 가지 도형은 교실이나 생활 주변에서 관찰할 수 있어요. 도형의 개념과 성질을 이해한다면 실생활 문제를 해결하는 데 도움이 될 거예요.
또한, 길이 재기는 필요한 만큼의 재료를 사기 위해 길이를 재거나 키를 잴 때 사용해요. 여러 가지 물건의 길이를 어림하고 확인하는 활동을 통해 길이와 친해져 보아요.

103쪽 **친환경차** (親 친할 친, 環 고리 환, 境 지경 경, 車 수레 차)
맑고 깨끗한 연료를 사용하거나 공기 오염 물질을 내보내지 않는 등 자연환경을 오염시키지 않는 자동차. 전기자동차, 천연가스 자동차 등이 있다.

104쪽 **교구 함** (敎 가르칠 교, 具 갖출 구, 函 함 함)
학교에서 쓰는 도구를 넣어두는 곳

111쪽 **아리수** (阿 언덕 아, 利 이로울 리, 水 물 수)
한강의 옛 이름이자 서울 수돗물 이름

111쪽 **음수대** (飮 마실 음, 水 물 수, 臺 돈대 대)
공원이나 학교에 물을 마실 수 있도록 하여 놓은 곳

118쪽 **데칼코마니** (décalcomanie)
종이 위에 그림물감을 두껍게 칠하고 반으로 접거나 다른 종이를 덮어 찍어서 무늬를 만드는 미술 방법

 →  →

◁ 기초 문제가 어떻게 문장제가 되는지 알아봅니다.

1

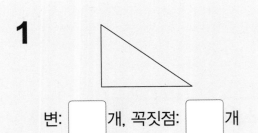

변: ☐ 개, 꼭짓점: ☐ 개

≫ 오른쪽 삼각형의 변과 꼭짓점은
모두 몇 개인가요?

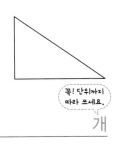

꼭! 단위까지
따라 쓰세요.

답 _____ 개

2

1층: ☐ 개, 2층: ☐ 개

→ 전체 쌓기나무 수: ☐ 개

≫ 오른쪽과 똑같은 모양으로 쌓으려면
쌓기나무가 **몇 개** 필요한가요?

답 _____ 개

3

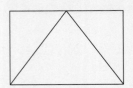

찾을 수 있는 삼각형의 수:

☐ 개

≫ 오른쪽 도형을 점선을 따라 모
두 자르면
어떤 도형이 몇 개 생기는지
차례로 쓰세요.

답 _____ , _____ 개

4 젤리의 길이를 더 많은 횟수로 >> 잰 것 찾기

(초코바 , 껌)

다음과 같은 길이의 초코바와 껌으로
각각 칫솔의 길이를 재려고 합니다.
잰 횟수가 더 많은 것은 초코바와 껌 중 어느 것인가요?

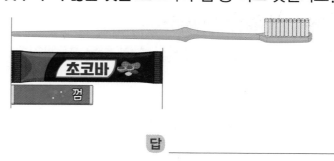

답 _____

5 길이가 **3 cm**에 더 가까운 것 >> 찾기

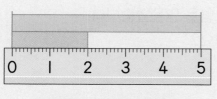

(분홍 , 하늘)색 리본

아름이와 보라는 약 **3 cm**를 어림하여
다음과 같이 리본을 각자 잘랐습니다.
두 사람 중 **3 cm**에 더 가깝게 어림하여 자른 사람은
누구인가요?

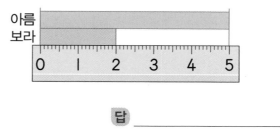

답 _____

6

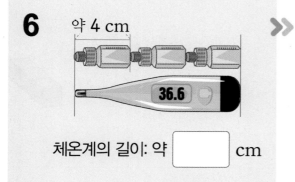

체온계의 길이: 약 [ ] cm

체온계의 길이를 약병의 길이로 재었더니
3번이었습니다.
약병의 길이가 **약 4 cm**일 때
체온계의 길이는 **약 몇 cm**인가요?

꼭! 단위까지
따라 쓰세요.

답 약 _____ cm

○ 간단한 문장제를 풀어 봅니다.

1 삼각형과 오각형이 있습니다.
이 두 도형의 꼭짓점 수의 합은 **몇 개**인가요?

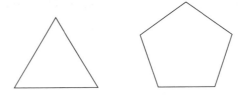

식 _____ 답 _____

2 크고 작은 삼각형을 변끼리 이어 붙여 다음과 같은 도형을 만들었습니다.
이 도형을 만드는 데 사용한 삼각형은 **모두 몇 개**인가요?

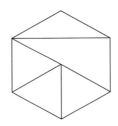

답 _____

3 쌓기나무가 **6개** 있습니다.
오른쪽과 똑같은 모양으로 쌓기나무를 쌓고 나면
남는 쌓기나무는 **몇 개**인가요?

식 _____ 답 _____

4 현서가 뼘으로 두 물건의 길이를 잰 횟수입니다.
태권도 띠와 아빠 허리띠 중에서 길이가 **더 긴 것**은 무엇인가요?

태권도 띠: **8번**   아빠 허리띠: **7번**

답 _____

5 강낭콩을 이용하여 선크림의 길이를 잰 것입니다.
선크림의 길이는 강낭콩으로 **몇 번**인가요?

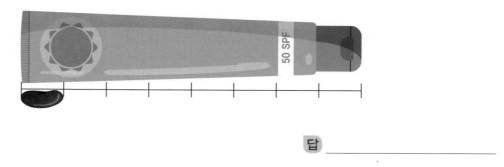

답 _____

6 지아의 엄지손가락의 길이는 **4 cm**입니다.
지아의 엄지손가락의 길이는 **1 cm**로 **몇 번**인가요?

답 _____

7 동화책의 긴 쪽의 길이를 스마트폰으로 재면 **2번**이고,
손톱깎이로 재면 **6번**입니다.
스마트폰의 길이를 손톱깎이로 재면 **몇 번**인가요?

답 _____

1^일 수학 문해력 기르기

관련 단원 여러 가지 도형

문해력 문제 1

오른쪽 그림에서 이루고 있는 모든 도형의/ 변의 수의/ 합은 몇 개인지 구하세요.

└ 구하려는 것

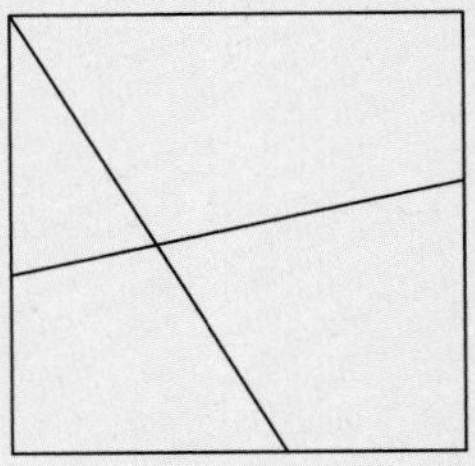

해결 전략

❶ 그림에서 이루고 있는 모든 도형을 찾아 그 수를 구하고

❷ 각 도형의 수에 따라 변의 수의 합을 각각 구해

❸ 위 ❷에서 구한 값을 모두 더한다.

문제 풀기

❶ 이루고 있는 도형: 삼각형 ☐개, 사각형 ☐개

❷ (삼각형 1개의 변의 수)= ☐개

　(사각형 3개의 변의 수의 합)=4+ ☐ + ☐ = ☐ (개)

❸ (전체 변의 수의 합)= ☐^{삼각형} + ☐^{사각형} = ☐ (개)

답 _____

문해력 레벨업

각 도형의 이름에서 변과 꼭짓점의 수를 구하자.

도형	삼각형 △	사각형 □	오각형 ⬠	육각형 ⬡
변의 수(개)	3	4	5	6
꼭짓점의 수(개)	3	4	5	6

• 정답과 해설 18쪽
🎓 복습책 31쪽에 유사, 심화문제 제공

쌍둥이 문제

1-1 오른쪽은 [※]세이셸의 국기입니다./ 이 국기 안에 색깔별로 나누어진 **5**개 도형의/ 꼭짓점 수의/ 합은 몇 개인가요?

따라 풀기 ❶

문해력 백과 📖

세이셸: 아프리카에서 가장 작은 나라이자 115개의 섬으로 이루어진 나라

❷

❸

답 _____

문해력 레벨 1

1-2 도윤이는 오른쪽과 같이 종이에 세 점을 찍고/ 찍은 점을 잇는 곧은 선을 **2**개 그은 다음/ 선을 따라 모두 잘랐습니다./ 이때 생긴 모든 도형의/ 꼭짓점 수의/ 합은 몇 개인가요?

스스로 풀기 ❶

❷

❸

답 _____

문해력 레벨 2

1-3 현주는 오른쪽과 같이 색종이를 접은 후/ 선을 따라 종이를 겹쳐서 가위로 자른 다음/ 펼쳤습니다./ 이때 생긴 모든 도형의/ 변의 수의/ 합은 몇 개인가요?

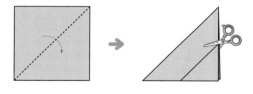

스스로 풀기 ❶ 생긴 도형과 수 구하기

❷ 각 도형의 수에 따라 변의 수의 합 각각 구하기

❸ 위 ❷에서 구한 합을 모두 더하기

답 _____

수학 문해력 기르기

관련 단원 여러 가지 도형

문해력 문제 2

이준이는 삼각형 조각 **4개**를 변끼리 이어 붙여/ 오른쪽과 같이 큰 삼각형 모양을 만들었습니다./ 이 모양에서 **찾을 수 있는 크고 작은 삼각형은**/ 모두 몇 개인가요?
└ 구하려는 것

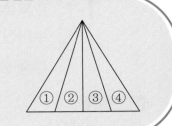

해결 전략

작은 삼각형이 모여 삼각형이 되는 경우도 빠뜨리지 않도록

❶ 작은 삼각형이 1개, 2개, 3개, 4개일 때 삼각형이 되는 경우를 찾아 각각 개수를 세어 보고

크고 작은 삼각형의 개수를 모두 세어야 하니까

❷ 위 ❶에서 찾은 삼각형의 개수를 모두 더한다.

문제 풀기

❶ 작은 삼각형 1개짜리: ①, ②, _____ ➜ ☐ 개

작은 삼각형 2개짜리: ①＋②, _____ ➜ ☐ 개

작은 삼각형 3개짜리: ①＋②＋③, _____ ➜ ☐ 개

작은 삼각형 4개짜리: _____ ➜ ☐ 개

❷ 크고 작은 삼각형은 모두 ☐ 개이다.

답 _____

문해력 레벨업

작은 도형 l개짜리부터 ■개짜리까지 이루어진 것을 모두 찾자.

예 작은 삼각형 **3개**로 이루어진 삼각형에서 크고 작은 삼각형 찾아보기

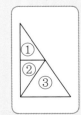

작은 삼각형 **1개짜리**

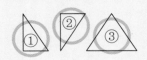

작은 삼각형 **2개짜리**

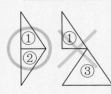

작은 삼각형 **3개짜리**

쌍둥이 문제

2-1 로운이는 사각형에 변끼리 잇는 선을 **2**개 그어/ 오른쪽과 같은 모양을 만들었습니다./ 이 모양에서 찾을 수 있는 크고 작은 사각형은/ 모두 몇 개인가요?

①	②
③	④

따라 풀기　❶

❷

답 _____

문해력 레벨 1

2-2 오른쪽 모양에서 찾을 수 있는 크고 작은 삼각형은/ 모두 몇 개인가요?

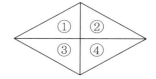

스스로 풀기　❶

❷

답 _____

문해력 레벨 2

2-3 오른쪽은 어느 공원의 주차 자리입니다./ 주차 자리에서 찾을 수 있는 크고 작은 사각형 중에서/ 파란색으로 칠해진 ※친환경차 주차 자리가 포함된 사각형은/ 모두 몇 개인가요?

스스로 풀기　❶ 크고 작은 사각형 중에서 파란색 사각형이 포함된 경우 각각 세어 보기

문해력 어휘

친환경차: 맑고 깨끗한 연료를 사용해 자연환경을 오염시키지 않는 차

❷ 위 ❶에서 찾은 사각형의 개수 모두 더하기

답 _____

수학 문해력 기르기

문해력 문제 3

유준이와 채원이는[※]교구 함에서 쌓기나무를 가져다/
다음과 같이 유준이는 **3층까지** 쌓고,/ 채원이는 **2층까지** 쌓았습니다./
누가 쌓기나무를 더 많이 사용했나요?
└─ 구하려는 것

유준

채원

해결 전략

❶ 유준이가 1층부터 3층까지 쌓은 쌓기나무의 수를 구하고,
채원이가 1층부터 2층까지 쌓은 쌓기나무의 수를 구해

❷ 위 ❶에서 구한 유준이와 채원이가 각각 사용한 쌓기나무의 수를 비교한다.

문제 풀기

❶ 유준:
```
 1층      2층      3층
┌───┐  ┌───┐  ┌───┐   ┌───┐
│   │ +│   │ +│   │ = │   │ (개)
└───┘  └───┘  └───┘   └───┘
```

채원:
```
 1층      2층
┌───┐  ┌───┐   ┌───┐
│   │ +│   │ = │   │ (개)
└───┘  └───┘   └───┘
```

문해력 어휘

교구 함: 학교에서 쓰는
도구를 넣어두는 곳

❷
```
 유준         채원
┌───┐   ◯   ┌───┐
│   │       │   │
└───┘       └───┘
     └─ >, < 중 알맞은 것 쓰기
```

➡ 쌓기나무를 더 많이 사용한 사람: ┌───────┐

답 _____

문해력 레벨업

보이지 않는 쌓기나무의 수도 생각하자.

2층에 쌓기나무가 있으면 보이지 않는 1층에도 쌓기나무가 있다.

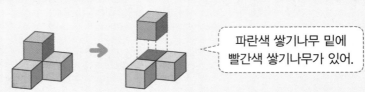

파란색 쌓기나무 밑에
빨간색 쌓기나무가 있어.

쌍둥이 문제

3-1 아파트 택배 수거함에 오른쪽과 같이 크기가 같은 택배 상자가 쌓여 있습니다./ 어느 동의 택배 상자가 더 많이 쌓여 있나요?

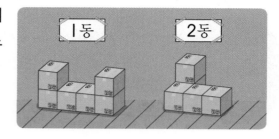

따라 풀기 ❶

❷

답 _____

문해력 레벨 1

3-2 서연이와 지호가 쌓기나무로/ 오른쪽과 같은 모양을 각자 만들었습니다./ 누가 쌓기나무를 몇 개 더 적게 사용했는지 차례로 쓰세요.

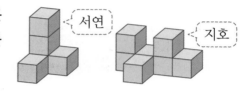

스스로 풀기 ❶

❷

답 _____ , _____

문해력 레벨 2

3-3 계곡 주변 작은 돌이 많은 곳에는/ 소원을 빌며 돌을 쌓는 사람들이 있습니다./ 돌탑이 왼쪽과 같이 쌓여 있었는데/ 비바람이 강하게 분 날에 돌 몇 개가 사라져/ 오른쪽과 같은 모양이 되었습니다./ 사라진 돌은 몇 개인가요?

스스로 풀기 ❶ 왼쪽과 오른쪽에 각각 쌓여 있는 돌의 수 구하기

❷ 사라진 돌의 수 구하기

답 _____

관련 단원 여러 가지 도형

문해력 문제 4

지후는 가지고 있던 쌓기나무로/
할아버지가 쓰시던 모자를 상상하며 오른쪽과 같이 쌓았습니다./
남은 쌓기나무의 수를 세어 보았더니 **3개**였다면/
지후가 처음에 가지고 있던 쌓기나무는 몇 개인가요?
└▸구하려는 것

해결 전략

┌ 먼저 사용한 쌓기나무의 수를 구해야 하니까 ┐
❶ (1층에 쌓은 쌓기나무의 수)＋(2층에 쌓은 쌓기나무의 수)를 구해

┌ 처음에 가지고 있던 쌓기나무의 수를 구해야 하니까 ┐
❷ (사용한 쌓기나무의 수) ◯ (남은 쌓기나무의 수)를 구한다.
└▸ ＋, －, × 중 알맞은 것 쓰기

─────────────────────

문제 풀기

❶ (사용한 쌓기나무의 수)＝ ⬜(1층) ＋ ⬜(2층) ＝ ⬜ (개)

❷ (처음에 가지고 있던 쌓기나무의 수)
＝ ⬜ ＋3＝ ⬜ (개)

답 _____

문해력 레벨업

구하려는 것을 정확히 파악하고 그에 맞는 식을 세우자.

┌ 남은 양을 구하려면 ┐
처음 있던 양에서 사용한 양을 빼자.

(처음 있던 양) － (사용한 양) ＝ (남은 양)

┌ 처음 있던 양을 구하려면 ┐
남은 양과 사용한 양을 더하자.

(남은 양) ＋ (사용한 양) ＝ (처음 있던 양)

• 정답과 해설 **19쪽**
🎓 복습책 34쪽에 유사, 심화문제 제공

4-1 서우는 우유 급식통에 들어 있던 빈 우유갑 중 일부를 꺼내/ 오른쪽과 같이 쌓았습니다./ 우유 급식통에 남아 있는 빈 우유갑이 6개일 때/ 처음에 들어 있던 빈 우유갑은 몇 개인가요?

따라 풀기 ❶

❷

답 _____

문해력 레벨 1

4-2 상자에 들어 있던 쌓기나무 중 일부를 꺼내/ 오른쪽과 같이 현서가 쌓고,/ 남은 쌓기나무를 모두 사용하여 세나가 쌓았습니다./ 상자에 들어 있던 쌓기나무는 몇 개인가요?

스스로 풀기 ❶

❷

답 _____

문해력 레벨 2

4-3 서린이와 유희가 각자 가지고 있던 쌓기나무로 오른쪽과 같이 쌓았더니/ 서린이는 3개,/ 유희는 5개 남았습니다./ 처음에 가지고 있던 쌓기나무는/ 누가 몇 개 더 많았는지 차례로 쓰세요.

스스로 풀기 ❶ 각자 사용한 쌓기나무의 수 구하기

❷ 각자 처음에 가지고 있던 쌓기나무의 수 구하기

❸ 위 ❷에서 구한 수를 비교하기

답 _____ , _____

수학 문해력 기르기

문해력 문제 5

유빈, 채아, 승빈이가 **아파트 정문에서 만나 편의점까지 걸어가면서**/
각자 걸음 수를 세었습니다./
각자 센 걸음 수가 유빈이는 **25걸음**, 채아는 **27걸음**, 승빈이는 **24걸음**입니다./
한 걸음의 길이가 가장 짧은 친구는 누구인가요?

└→ 구하려는 것

해결 전략

❶ **같은 거리를 걸어갈 때** 한 걸음의 길이가 짧으면 많이 걸어야 하므로

걸음 수가 가장 많은 친구를 찾아야 하니까

└→ 알맞은 말에 ○표 하기

❷ **세 사람의 걸음 수를** 비교하여 걸음 수가 가장 (적은 , 많은) 친구를 찾아

같은 거리를 걸을 때 걸음 수가 많다는 건 한 걸음의 길이가 짧은 거니까

❸ 한 걸음의 길이가 가장 짧은 친구를 찾는다.

문제 풀기

❶ 같은 거리를 걸어갈 때
걸음 수가 많을수록 한 걸음의 길이가 (짧다 , 길다).

❷ 걸음 수 비교: ☐ > ☐ > ☐

➡ 걸음 수가 가장 많은 친구: ☐

❸ 한 걸음의 길이가 가장 짧은 친구: ☐

답 _____

문해력 레벨업 같은 거리를 잴 때 단위 길이와 잰 횟수는 서로 반대이다.

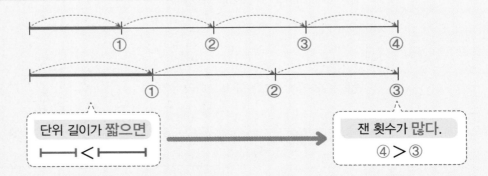

• 정답과 해설 **20쪽**
🎓 복습책 35쪽에 유사, 심화문제 제공

쌍둥이 문제

5-1 주희, 예민, 세진이가 같은 선풍기 줄의 길이를/ 각자 자신의 뼘으로 쟀습니다./ 각자 잰 뼘의 수가 주희는 11뼘, 예민이는 8뼘, 세진이는 9뼘입니다./ 한 뼘의 길이가 가장 짧은 친구는 누구인가요?

따라 풀기 ❶

❷

❸

답 _____

문해력 레벨 1

5-2 선로 위에 기차 가, 나, 다가 출발하려고 대기중입니다./ 세 기차의 전체 길이는 같고,/ 한 [※]차량의 길이는 오른쪽과 같습니다./ 가장 많은 차량으로 이루어진 기차를 찾아 기호를 쓰세요.

가
나
다

스스로 풀기 ❶

문해력 어휘 📖
차량: 열차의 한 칸

❷

❸

답 _____

문해력 레벨 2

5-3 주혁이는 누워 계시는 아빠의 다리 길이를/ 볼펜, 젓가락, 가위를 이용해 각각 재어 보았습니다./ 잰 횟수가 볼펜으로는 6번, 젓가락으로는 7번이고, 가위로는 젓가락으로 쟀을 때보다 2번 더 적었습니다./ 길이가 가장 긴 물건은 어느 것인가요?

스스로 풀기 ❶ 가위로 잰 횟수 구하기

❷ 잰 횟수를 비교하여 잰 횟수가 가장 적은 물건 찾기

❸ 길이가 가장 긴 물건 구하기

답 _____

관련 단원 길이 재기

문해력 문제 6

재희네 가족은 식당에 갔더니 로봇이 자리 안내를 하고 있었습니다./
이 로봇의 키를/ 재희는 약 **88 cm**, 엄마는 약 **85 cm**, 아빠는 약 **93 cm**로 어림했습니다./
로봇의 실제 키가 **91 cm**일 때,/
실제 키에 **가장 가깝게 어림한 사람은 누구인가요?**
└ 구하려는 것

출처: © Getty Images Bank

해결 전략

❶ 각자 어림한 키와 로봇의 실제 키의 차를 구하고

┌ 어림한 키와 실제 키의 차가 작을수록 더 가깝게 어림한 거니까 ┐

❷ 위 ❶에서 구한 차가 가장 작은 사람을 찾는다.

문제 풀기

❶ 어림한 키와 로봇의 실제 키의 차를 각각 구하기

재희: 91 − 88 = □ (cm)

엄마: 91 − 85 = □ (cm)

아빠: 93 − 91 = □ (cm)

❷ 실제 키에 가장 가깝게 어림한 사람: □

답 _____

문해력 레벨업

문제에 숨은 뜻을 찾아내어 알맞은 식을 세우자.

실제 길이에 가깝게 어림할수록 **어림한 길이**와 실제 길이의 **차**가 작다.

┌ 실제 길이보다 클 수도 있고 작을 수도 있다. ┐   ┌ 큰 수에서 작은 수를 빼야 한다. ┐

어림한 길이가 **실제 길이보다 클 때**는 (어림한 길이)−(실제 길이)로 구하자.
어림한 길이가 **실제 길이보다 작을 때**는 (실제 길이)−(어림한 길이)로 구하자.

쌍둥이 문제

6-1 놀이터에 킥보드가 한 대 놓여 있습니다./ 바닥에서부터 킥보드 손잡이까지의 높이를/ 하율이는 약 **75 cm**, 새아는 약 **68 cm**, 헤리는 약 **73 cm**로 어림했습니다./ 실제 높이가 **70 cm**일 때,/ 실제 높이에 가장 가깝게 어림한 사람은 누구인가요?

따라 풀기   ❶

❷

답 _____

문해력 레벨 1

6-2 워터 파크의 유아 전용 수영장의 물 높이를/ 시윤이는 약 **15 cm**로 어림하였고,/ 하리는 시윤이보다 **5 cm** 더 낮게 어림하였습니다./ 실제 물 높이는 하리가 어림한 것보다 **7 cm** 더 높았다면/ 실제 물 높이는 몇 cm인가요?

스스로 풀기   ❶ 하리가 어림한 물 높이 구하기

❷ 실제 물 높이 구하기

답 _____

문해력 레벨 2

6-3 ※아리수 ※음수대의 높이를/ 은유는 약 **73 cm**로 어림하였고,/ 연준이는 은유보다 **5 cm** 더 높게 어림하였습니다./ 실제 높이가 **76 cm**라고 할 때/ 누가 실제 높이에 더 가깝게 어림했나요?

스스로 풀기   ❶ 연준이가 어림한 높이 구하기

문해력 어휘 📑

아리수: 한강의 옛 이름이자 서울 수돗물 이름
음수대: 물을 마실 수 있도록 하여 놓은 곳

❷ 각자 어림한 높이와 실제 높이의 차 구하기

❸ 위 ❷에서 구한 차가 더 작은 사람 찾기

답 _____

수학 문해력 기르기

문해력 문제7

길이가 **7 cm**, **3 cm**인 색 막대가/ 한 개씩 있습니다./
이 막대를 사용하여 잴 수 있는 길이는 모두 몇 가지인가요?

└→ 구하려는 것

7 cm

3 cm

해결 전략

막대 1개만 이용하면

❶ 노란색 막대의 길이, 빨간색 막대의 길이를 잴 수 있고

막대 2개를 이용하면

❷ (노란색 막대의 길이)＋(빨간색 막대의 길이),
(노란색 막대의 길이)－(빨간색 막대의 길이)를 잴 수 있다.

❸ 위 ❶과 ❷에서 구한 길이의 가짓수를 구한다.

- -

문제 풀기

❶ 막대 1개로 잴 수 있는 길이: ☐ cm, ☐ cm

❷ 막대 2개로 잴 수 있는 길이:

☐ ＋ ☐ ＝ ☐ (cm), ☐ － ☐ ＝ ☐ (cm)

❸ 잴 수 있는 길이는 모두 ☐ 가지이다.

답 _____

문해력 레벨업

막대를 이어 붙이거나 겹쳐서 새로운 길이를 만들어 잴 수 있다.

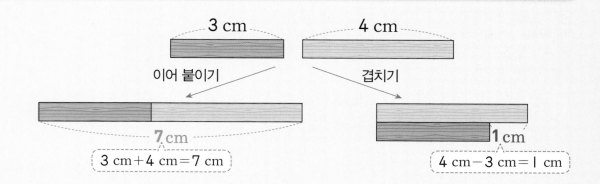

3 cm

4 cm

이어 붙이기

겹치기

7 cm

1 cm

3 cm＋4 cm＝7 cm

4 cm－3 cm＝1 cm

쌍둥이 문제

7-1 길이가 4 cm인 지우개와 길이가 12 cm인 가위가/ 한 개씩 있습니다./ 이 물건을 사용하여 잴 수 있는 길이를 모두 쓰세요.

따라 풀기 ❶

❷

답 _____

문해력 레벨 1

7-2 길이가 2 cm, 5 cm, 6 cm인 철사가/ 한 개씩 있습니다./ 이 중 2개를 사용하여/ 겹치지 않게 이어 붙이거나/ 겹쳐서 잴 수 있는 길이는/ 모두 몇 가지인가요?

스스로 풀기 ❶ 2 cm와 5 cm로 잴 수 있는 길이 구하기

❷ 2 cm와 6 cm로 잴 수 있는 길이 구하기

❸ 5 cm와 6 cm로 잴 수 있는 길이 구하기

❹

답 _____

문해력 레벨 2

7-3 길이가 2 cm, 4 cm, 7 cm인 빨대 3개로/ 오른쪽과 같이 한 곳에 연결해/ 자유롭게 움직이도록 만들었습니다./ 이렇게 만든 빨대로/ 잴 수 있는 길이를 모두 쓰세요.

4 cm

2 cm

7 cm

스스로 풀기 ❶ 빨대 1개로 잴 수 있는 길이 구하기

빨대가 한 곳에 연결되어 있으니 빨대 3개를 모두 이용해서 길이를 잴 수 없어.

❷ 빨대 2개로 잴 수 있는 길이 구하기

답 _____

관련 단원 길이 재기

문해력 문제8

소시지 4개와 껌 2개를 길게 연결한 길이는/
소시지 3개와 껌 4개를 길게 연결한 길이와 같습니다./
껌 1개의 길이가 6 cm일 때/ 소시지 1개의 길이는 몇 cm인가요?/
└ 구하려는 것
(단, 소시지끼리 길이가 같고, 껌끼리 길이가 같습니다.)

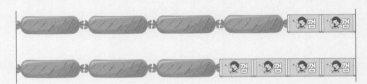

해결 전략

❶ (소시지 4개와 껌 2개의 길이)=(소시지 3개와 껌 4개의 길이)의 식으로 쓴 후 간단히 나타내어

❷ 껌 1개의 길이를 이용해 소시지 1개의 길이를 구한다.

문제 풀기

❶   (소시지 4개)+(껌 2개)=(소시지 3개)+(껌 4개)

       ⬇ 양쪽에서 소시지 3개를 빼기

(소시지 ☐ 개)+(껌 2개)=(껌 4개)

       ⬇ 양쪽에서 껌 2개를 빼기

(소시지 1개)=(껌 ☐ 개)

❷ 껌 1개의 길이가 ☐ cm이므로

(소시지 1개)= ☐ + ☐ = ☐ (cm)

답 _____

문해력 레벨업

두 식에서 공통된 부분을 빼서 간단히 나타내 보자.

길이가 같은 가와 나에서 같은 것을 동시에 빼내면 가와 나의 길이는 항상 같다.

같음.

가 〇2개, ▭ I개를 각각 빼내면 가

나 (가의 길이)=(나의 길이)   나 (가의 길이)=(나의 길이)

쌍둥이 문제

8-1 지우개 5개와 딱풀 1개를 길게 연결한 길이는/ 지우개 2개와 딱풀 2개를 길게 연결한 길이와 같습니다./ 지우개 1개의 길이가 3 cm일 때/ 딱풀 1개의 길이는 몇 cm인가요?/ (단, 지우개끼리 길이가 같고, 딱풀끼리 길이가 같습니다.)

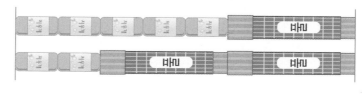

따라 풀기 ❶ 문제의 조건을 식으로 쓰고 양쪽에서 같은 수만큼 지우개를 뺀 후, 같은 수만큼 딱풀을 빼기

❷

답 _____

문해력 레벨 1

8-2 가위 4개와 숟가락 2개를 길게 연결한 길이는/ 가위 2개와 숟가락 5개를 길게 연결한 길이와 같습니다./ 가위와 숟가락 중/ 길이가 더 긴 것은 어느 것인가요?/ (단, 가위끼리 길이가 같고, 숟가락끼리 길이가 같습니다.)

스스로 풀기 ❶ 문제의 조건을 식으로 쓰고 양쪽에서 같은 수만큼 가위를 뺀 후, 같은 수만큼 숟가락 빼기

❷

답 _____

수학 문해력 완성하기

관련 단원 여러 가지 도형

|보기|는 오각형의 꼭짓점과 꼭짓점을 잇는 곧은 선을 모두 긋고/ 그은 선을 따라 모두 자르는 모습입니다./ 육각형을 |보기|와 같은 방법으로/ 곧은 선을 모두 그어 자르면/ 삼각형은 사각형보다 몇 개 더 많이 생기나요?

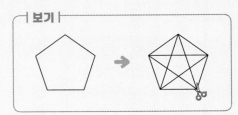

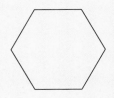

해결 전략

한 꼭짓점(·)에서 그을 수 있는 곧은 선의 수를 세어 보면

0개   1개   2개   3개

(한 꼭짓점에서 그을 수 있는 곧은 선의 수)=(전체 꼭짓점의 수)−3

※18년 상반기 21번 기출 유형

문제 풀기

❶ 곧은 선 모두 긋기:

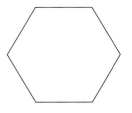

❷ 위 ❶에 삼각형을 △로, 사각형을 □로 표시하면서 세면

삼각형은 [　　] 개, 사각형은 [　] 개가 만들어진다.

❸ 따라서 삼각형은 사각형보다 [　　]−[　]=[　　] (개) 더 많이 생긴다.

답 _____

관련 단원 길이 재기

기출 2 | cm인 막대와 **3** cm인 막대를 이용하면/ 다음과 같이 **2** cm와 **4** cm도 잴 수 있습니다./

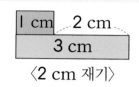

〈2 cm 재기〉　　〈4 cm 재기〉

| cm, **3** cm, **6** cm인 막대가 각각 |개씩 있을 때,/ 이 막대를 이용하여 잴 수 있는 길이는/ 모두 몇 가지인지 구하세요.

해결 전략

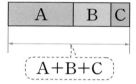 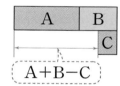 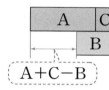 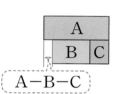

A+B+C　　A+B−C　　A+C−B　　A−B−C

※21년 상반기 21번 기출 유형

문제 풀기

❶ 막대 |개로 잴 수 있는 길이: _____

❷ 막대 **2**개로 잴 수 있는 길이: _____

_____

❸ 막대 **3**개로 잴 수 있는 길이: $6+3+1=\boxed{}$ (cm), $6+3-1=\boxed{}$ (cm),

$6+1-3=\boxed{}$ (cm), $6-3-1=\boxed{}$ (cm)

_____

❹ 따라서 막대로 잴 수 있는 길이는 모두 $\boxed{}$ 가지이다.

답 _____

수학 문해력 완성하기

융합 3

혜지는 방과후 미술 시간에 *데칼코마니를 배웠습니다./ 다음은 혜지가 종이를 접기 전/ 물감으로 그린 무늬입니다./ 점선을 따라 접었다 펼치면/ 사각형과 육각형 중에서/ 어떤 도형이/ 몇 개 더 많이 나오는지 차례로 쓰세요.

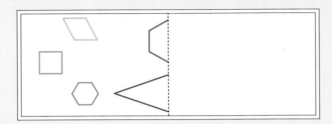

📖 문해력 어휘

데칼코마니: 종이 위에 그림물감을 두껍게 칠하고 반으로 접거나 다른 종이를 덮어 찍어서 무늬를 만드는 미술 방법

해결 전략

점선을 따라 접었다 펼치면 모양은 같지만 왼쪽과 오른쪽이 서로 바뀐 모양이 나타난다.

 접었다 펼치기 →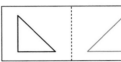

문제 풀기

❶ 점선을 따라 접었다 펼쳤을 때 나타나는 그림 완성하기

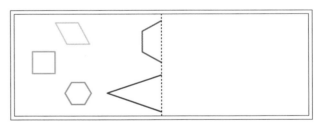

❷ 위 ❶의 완성된 그림에서 사각형과 육각형의 수 구하기

사각형: ☐ 개, 육각형: ☐ 개

❸ 어떤 도형이 몇 개 더 많이 나오는지 구하기

점선을 따라 접었다 펼치면 ☐ 이 ☐ 개 더 많이 나온다.

답 _____ , _____

창의 **4** 세리는 짧은 쪽의 길이가 1 cm인 색 테이프를/ 2번 접어/ 다음과 같이 한글 자음자 'ㄷ'을 만들었습니다./ 사용한 색 테이프의 긴 쪽의 길이는 몇 cm인가요?

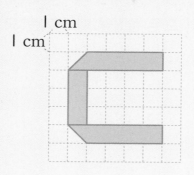

해결 전략

종이를 펼친 모습 →

문제 풀기

❶ ①, ②, ③의 길이 각각 구하기

(①의 길이)=☐ cm, (②의 길이)=☐ cm,

(③의 길이)=☐ cm

❷ 사용한 색 테이프의 긴 쪽의 길이 구하기

(사용한 색 테이프의 긴 쪽)=☐ + ☐ + ☐ = ☐ (cm)

             ①의 길이 ②의 길이 ③의 길이

답 _____

수학 문해력 평가하기

100쪽 문해력 1

1 오른쪽 색종이를 점선을 따라 모두 잘랐을 때 생기는 모든 도형의 변의 수의 합은 몇 개인가요?

풀이

답 _____

104쪽 문해력 3

2 혜온이와 유나가 쌓기나무로 오른쪽과 같은 모양을 각자 만들었습니다. 누가 쌓기나무를 더 많이 사용했나요?

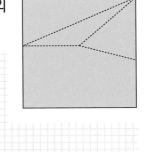

혜온   유나

풀이

답 _____

102쪽 문해력 2

3 사각형을 반으로 나누고 나눈 하나를 또 반으로 나누었더니 오른쪽과 같은 모양이 만들어졌습니다. 이 모양에서 찾을 수 있는 크고 작은 사각형은 모두 몇 개인가요?

풀이

답 _____

106쪽 문해력 4

4 설아는 가지고 있던 쌓기나무로 침대를 상상하며 오른쪽과 같이 쌓았습니다. 남은 쌓기나무의 수를 세어 보았더니 2개였다면 설아가 처음에 가지고 있던 쌓기나무는 몇 개인가요?

풀이

답 _____

108쪽 문해력 5

5 이수, 나혁, 린주는 놀이터에 있는 같은 시소의 길이를 각자 자신의 뼘으로 재어 보았습니다. 각자 잰 뼘의 수가 이수는 14뼘, 나혁이는 15뼘, 린주는 16뼘입니다. 한 뼘의 길이가 가장 짧은 친구는 누구인가요?

풀이

답 _____

106쪽 문해력 4

6 어느 집 담장이 태풍에 무너져 다시 쌓으려고 합니다. 준비한 벽돌 중 일부는 다음과 같이 담장의 앞쪽에 쌓고, 남은 벽돌을 모두 사용하여 담장의 뒤쪽에 쌓으려고 합니다. 준비한 벽돌은 몇 개인가요?

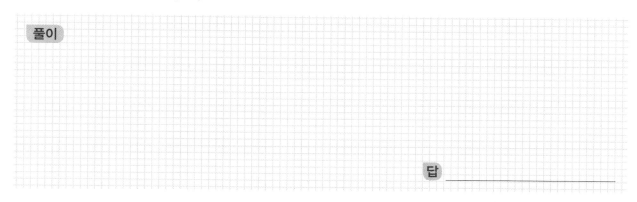

앞쪽　　　　　뒤쪽

풀이

답 _____

110쪽 문해력 6

7 강현이네 가족은 캠핑장에 놀러 갔습니다. 캠핑장 앞에 설치한 바비큐의 높이를 강현이는 약 50 cm, 형은 약 55 cm, 동생은 약 70 cm로 어림했습니다. 실제 높이가 63 cm일 때, 실제 높이에 가장 가깝게 어림한 사람은 누구인가요?

풀이

답 _____

112쪽 문해력 7

8 길이가 9 cm, 5 cm인 색연필이 한 자루씩 있습니다. 이 색연필을 사용하여 잴 수 있는 길이는 모두 몇 가지인가요?

풀이

답 _____

114쪽 문해력 **8**

9 생수병 2개와 음료수병 6개를 길게 연결한 길이는 생수병 1개와 음료수병 8개를 길게 연결한 길이와 같습니다. 음료수병 1개의 길이가 14 cm일 때 생수병 1개의 길이는 몇 cm인가요? (단, 생수병끼리 길이가 같고, 음료수병끼리 길이가 같습니다.)

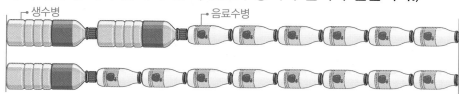

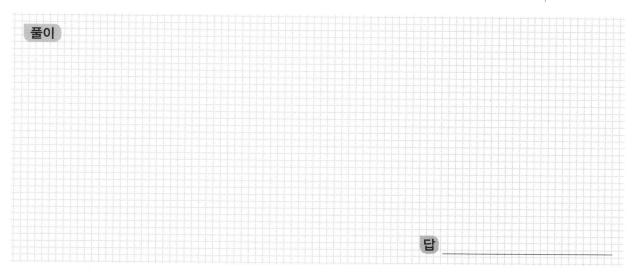

풀이

답 _____

114쪽 문해력 **8**

10 쇼핑백 5개와 물티슈 1개를 길게 연결한 길이는 쇼핑백 2개와 물티슈 6개를 길게 연결한 길이와 같습니다. 쇼핑백과 물티슈 중 길이가 더 긴 것은 어느 것인가요? (단, 쇼핑백끼리 길이가 같고, 물티슈끼리 길이가 같습니다.)

풀이

답 _____

복습책

문해력
독해가
힘이다

천재교육

그래서
밀크T가
필요한 겁니다

6학년

5학년

4학년

3학년

2학년

학년이 더- 높아질수록
꼭 필요한 공부법

더-잡아야 할 **공부습관**
더-올려야 할 **성적향상**
더-맞춰야 할 **1:1 맞춤학습**

설명하는 글 읽기

① 설명하는 글을 읽으면 필요한 정보를 얻을 수 있습니다.
② 어떤 일을 할 때 그 일의 차례를 알 수 있습니다.
③ 일의 방법과 규칙을 알 수 있습니다.

학년별 맞춤 콘텐츠

7세부터 6학년까지
차별화된 맞춤 학습 콘텐츠와
과목 전문강사의 동영상 강의

+

수준별 국/영/수

체계적인 학습으로
기본 개념부터 최고 수준까지
실력완성 및 공부습관 형성

+

1:1 맞춤학습

1:1 밀착 관리선생님
1:1 AI 첨삭과외
1:1 맞춤학습 커리큘럼

---

www.milkt.co.kr | 1577-1533

**우리 아이 공부습관,
무료체험 후 결정하세요!**

1-1 유사 문제

1 소현이는 밤을 100개 주우려고 합니다. 지금까지 주운 밤이 97개일 때 밤을 몇 개 더 주워야 하나요?

풀이

답 _____

1-2 유사 문제

2 종이학을 정아는 85개, 혜미는 90개 접었습니다. 두 사람이 각자 종이학을 100개씩 접으려면 몇 개씩 더 접어야 하나요?

풀이

답 정아: _____ , 혜미: _____

1-3 유사 문제

3 지아가 생각한 수보다 20만큼 더 큰 수는 100입니다. 지아가 생각한 수보다 100만큼 더 큰 수를 구하세요.

풀이

답 _____

2-1 유사 문제

4 준서는 100원짜리 동전 8개, 10원짜리 동전 13개, 1원짜리 동전 2개를 가지고 있습니다. 준서가 가지고 있는 돈은 모두 얼마인가요?

풀이

답 _____

2-2 유사 문제

5 볼펜이 100자루씩 3상자, 10자루씩 7묶음, 낱개로 19자루 있습니다. 볼펜은 모두 몇 자루인가요?

풀이

답 _____

2-3 유사 문제

6 꽃집에 장미가 100송이씩 2묶음, 10송이씩 8묶음, 낱개로 17송이 있었습니다. 이 중에서 10송이씩 3묶음이 팔렸을 때 남은 장미는 몇 송이인가요?

풀이

답 _____

3-1 유사 문제

1 4장의 수 카드 5 , 0 , 3 , 8 중 3장을 한 번씩만 사용하여 세 자리 수를 만들려고 합니다. 만들 수 있는 수 중에서 가장 작은 수를 쓰세요.

풀이

답 _____

3-2 유사 문제

2 4장의 수 카드 2 , 6 , 4 , 9 중 3장을 한 번씩만 사용하여 십의 자리 숫자가 2인 세 자리 수를 만들려고 합니다. 만들 수 있는 수 중에서 가장 큰 수를 쓰세요.

풀이

답 _____

3-3 유사 문제

3 지수의 자물쇠 비밀번호는 5개의 수 2, 0, 3, 7, 6 중 3개의 수를 한 번씩만 사용하여 만든 두 번째로 작은 세 자리 수입니다. 지수의 자물쇠 비밀번호를 구하세요.

풀이

답 _____

4-1 유사 문제

4 현서가 가지고 있는 입장권에 적힌 수는 746보다 크고 760보다 작은 수 중에서 십의 자리 숫자와 일의 자리 숫자가 같은 수입니다. 현서가 가지고 있는 입장권에 적힌 수를 구하세요.

풀이

답 _____

4-2 유사 문제

5 400보다 크고 500보다 작은 수 중에서 십의 자리 숫자가 백의 자리 숫자보다 작고, 일의 자리 숫자가 9인 수를 모두 구하세요.

풀이

답 _____

4-3 유사 문제

6 200보다 크고 250보다 작은 수 중에서 각 자리 숫자는 모두 서로 다르고, 그 합이 6인 수를 모두 구하세요.

풀이

답 _____

5-1 유사 문제

1 어린이날 행사로 학교 운동장에 풍선 장식을 했습니다. 보라색 풍선은 354개, 노란색 풍선은 258개, 하늘색 풍선은 327개를 사용했을 때 가장 적게 사용한 풍선은 무슨 색인가요?

풀이

답 _____

5-2 유사 문제

2 지안이네 반에서 재활용 쓰레기를 모았습니다. 병은 243개, 캔은 262개, 플라스틱은 280개일 때 가장 많이 모은 재활용 쓰레기 종류는 무엇인가요?

풀이

답 _____

5-3 유사 문제

3 민욱이와 친구들이 모은 구슬의 수입니다. 구슬을 가장 많이 모은 사람은 누구인가요? (단, 모은 구슬의 수는 모두 세 자리 수입니다.)

민욱	상현	지한
39●개	47■개	41▲개

풀이

답 _____

6-1 유사 문제

4 연아는 750원짜리 공책을 한 권 사려고 합니다. 공책 값에 꼭 맞게 500원, 100원, 50원짜리 동전을 적어도 1개씩 포함하여 낼 수 있는 방법은 모두 몇 가지인가요?

풀이

답 _____

6-2 유사 문제

5 지아는 210원짜리 지우개를 한 개 사려고 합니다. 지우개 값에 꼭 맞게 100원, 50원, 10원짜리 동전으로 낼 수 있는 방법은 모두 몇 가지인가요? (단, 10원짜리 동전은 10개까지만 사용합니다.)

풀이

답 _____

문해력 레벨 **2**

6 100원, 50원, 10원짜리 동전을 적어도 1개씩 포함하여 300원을 만들려고 합니다. 사용한 동전 수가 가장 많을 때의 동전은 몇 개인가요?

풀이

답 _____

7-1 유사 문제

1 혜성이네 가족이 오늘까지 밭에서 캔 고구마는 140개입니다. 앞으로 고구마를 하루에 100개씩 4일 동안 더 캔다면 혜성이네 가족이 캐는 고구마는 모두 몇 개인가요?

풀이

답 _____

7-2 유사 문제

2 주하는 가방 비밀번호를 1개월마다 바꿉니다. 비밀번호는 매달 100씩 뛰어 세기 한 수로 바꾸었고 이번 달 비밀번호는 710입니다. 5개월 전의 비밀번호는 무엇인가요?

풀이

답 _____

문해력 레벨 **3**

3 현서는 수를 뛰어 세기 하였습니다. 현서와 같은 규칙으로 유찬이도 뛰어 세기 하려고 합니다. ㉠에 알맞은 수는 얼마인가요?

| 134 | 184 | 234 | 284 | 334 |

현서

| 280 | | | | ㉠ |

유찬

풀이

답 _____

8-1 유사 문제

4 백 모형 2개, 십 모형 2개, 일 모형 2개가 있습니다. 수 모형 6개 중에서 3개를 사용하여 나타낼 수 있는 세 자리 수는 모두 몇 개인가요?

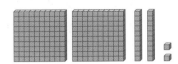

풀이

답 _____

8-1 유사 문제

5 100원짜리 동전 3개, 10원짜리 동전 1개, 1원짜리 동전 2개가 있습니다. 동전 6개 중에서 4개를 사용하여 만들 수 있는 금액은 모두 몇 가지인가요?

풀이

답 _____

8-2 유사 문제

6 윤아는 500원짜리 동전 1개, 100원짜리 동전 4개, 50원짜리 동전 1개를 가지고 문구점에 가서 색연필 한 자루를 샀습니다. 색연필 한 자루의 값은 동전 6개 중에서 4개 만큼의 금액과 같으며 600원과 800원 사이입니다. 색연필 한 자루는 얼마인가요?

풀이

답 _____

기출1 유사 문제

1 준서는 540원을 가지고 있습니다. 그중에서 100원짜리 동전은 4개이고 나머지는 10원짜리 동전입니다. 준서가 가지고 있는 동전은 모두 몇 개인가요?

풀이

답 _____

기출 변형

2 미나는 물건을 사는 만큼 포인트를 주는 곳에서 물건을 사고 402포인트를 받았습니다. 100포인트를 주는 물건은 3개, 1포인트를 주는 물건은 2개 샀고, 나머지는 10포인트를 주는 물건입니다. 미나가 산 물건은 모두 몇 개인가요?

풀이

답 _____

기출2 유사 문제

3 다음 두 조건을 만족하는 세 자리 수는 모두 몇 개인가요?

> · 백의 자리 숫자와 십의 자리 숫자의 합은 **4**입니다.
> · 일의 자리 숫자는 백의 자리 숫자보다 작습니다.

풀이 ❶ 백의 자리 숫자가 될 수 있는 수 구하기

_____

❷ 조건을 만족하는 세 자리 수 구하기

_____

_____

_____

_____

_____

_____

❸ 두 조건을 만족하는 세 자리 수는 모두 몇 개인지 구하기

_____

답 _____

1-1 유사 문제

1 아버지께서 콩밥을 지으려고 밥솥에 강낭콩을 25개 넣었고, 검은콩을 강낭콩보다 9개 더 적게 넣었습니다. 아버지께서 밥솥에 넣은 콩은 모두 몇 개인가요?

풀이

답 _____

1-2 유사 문제

2 빵집에 초콜릿 ※머핀이 36개 있고, 치즈 머핀이 초콜릿 머핀보다 18개 더 많이 있습니다. 빵집에 있는 초콜릿 머핀과 치즈 머핀은 모두 몇 개인가요?

풀이

> 📖 문해력 어휘
>
> 머핀: 밀가루에 우유, 설탕, 달걀, 소다를 넣어 섞은 반죽을 틀을 사용하여 오븐에 구워낸 빵

답 _____

1-3 유사 문제

3 준현이와 윤후는 어제부터 줄넘기 연습을 시작하였습니다. 준현이는 줄넘기를 어제는 28번, 오늘은 어제보다 17번 더 많이 넘었습니다. 윤후는 어제와 오늘 합하여 줄넘기를 75번 넘었다면 준현이와 윤후 중 이틀 동안 줄넘기를 더 많이 넘은 사람은 누구인가요?

풀이

답 _____

2-1 유사 문제

4 놀이 기구를 타려고 사람들이 줄 서 있습니다. 범퍼카에 줄을 선 사람은 회전목마보다 26명 더 많습니다. 범퍼카에 줄을 선 사람이 42명일 때 회전목마에 줄을 선 사람은 몇 명인가요?

풀이

답 _____

2-2 유사 문제

5 한강 자전거 대여소에 1인용 자전거가 2인용 자전거보다 17대 더 적게 준비되어 있습니다. 1인용 자전거가 55대 있다면 2인용 자전거는 몇 대 있나요?

풀이

답 _____

2-3 유사 문제

6 지후가 갯벌에서 맛조개와 소라를 캤습니다. 맛조개를 소라보다 33개 더 많이 캤고, 캔 맛조개는 52개입니다. 지후가 캔 맛조개와 소라는 모두 몇 개인가요?

풀이

답 _____

3-1 유사 문제

1 어떤 수에서 29를 빼야 할 것을 잘못하여 더했더니 82가 되었습니다. 바르게 계산한 값은 얼마인가요?

풀이

답 _____

3-2 유사 문제

2 어떤 수에 39를 더해야 할 것을 잘못하여 뺐더니 27이 되었습니다. 어떤 수보다 32 만큼 더 큰 수는 얼마인가요?

풀이

답 _____

3-3 유사 문제

3 어떤 수에서 43을 빼야 할 것을 잘못하여 34를 더했더니 91이 되었습니다. 바르게 계산한 값은 얼마인가요?

풀이

답 _____

4-1 유사 문제

4 각자의 수 카드에 적힌 두 수의 합은 같습니다. 성재가 가지고 있는 뒤집힌 카드에 적힌 수는 얼마인가요?

성재의 수 카드		규원의 수 카드	
37		29	26

풀이

답 _____

4-2 유사 문제

5 노란색 카드와 파란색 카드에 각각 적힌 두 수의 차는 같습니다. 노란색 카드 중 뒤집힌 카드의 수가 보이는 카드의 수보다 더 크다면 뒤집힌 카드에 적힌 수는 얼마인가요?

65   55   71

풀이

답 _____

4-3 유사 문제

6 초록색 카드와 보라색 카드에 각각 적힌 두 수의 차는 같습니다. 초록색 카드 중 뒤집힌 카드의 수가 보이는 카드의 수보다 더 작다면 초록색 카드에 적힌 두 수의 합은 얼마인가요?

52   43   29

풀이

답 _____

5-1 유사 문제

1 유라네 학교 2학년 학생들이 좋아하는 음식을 조사하여 나타낸 것입니다. 햄버거와 피자 중 학생들이 더 좋아하는 음식은 무엇인가요?

	남학생	여학생
햄버거	76명	85명
피자	81명	79명

풀이

답 _____

5-2 유사 문제

2 두 야구선수가 2021년과 2022년에 친 홈런 수를 나타낸 것입니다. 가 선수와 나 선수 중 2년 동안 누가 홈런을 몇 개 더 많이 쳤는지 차례로 쓰세요.

	2021년	2022년
가 선수	35개	26개
나 선수	29개	27개

풀이

답 _____, _____

6-1 유사 문제

3 태우와 효기가 ※행운권을 한 장씩 뽑았습니다. 두 사람이 뽑은 행운권에 쓰여 있는 수의 합은 43이고, 차는 9입니다. 두 사람이 뽑은 행운권에 쓰여 있는 수 중 더 작은 수를 구하세요.

풀이

📖 문해력 어휘
행운권: 추첨하여 상금이나 상품을 받을 수 있는 수가 적힌 표

답 _____

6-2 유사 문제

4 두 수의 합이 63이고, 차는 35입니다. 두 수 중 더 큰 수를 구하세요.

풀이

답 _____

6-3 유사 문제

5 두나는 종이에 세 수를 적었습니다. 가장 큰 수와 둘째로 큰 수의 차는 15이고, 둘째로 큰 수와 가장 작은 수의 차는 18입니다. 가장 큰 수와 가장 작은 수의 합이 67일 때 가장 큰 수를 구하세요.

풀이

답 _____

7-1 유사 문제

1 장우가 캐릭터 카드를 77장 가지고 있습니다. 가지고 있는 캐릭터 카드를 지혜에게 몇 장 주고, 윤도에게 29장 주었더니 21장이 남았습니다. 지혜에게 준 캐릭터 카드는 몇 장인가요?

풀이

답 _____

7-2 유사 문제

2 수혁이와 다솜이가 아침 일찍부터 송편을 만들고 있습니다. 점심을 먹은 이후로 송편을 수혁이는 42개, 다솜이는 29개 만들었더니 두 사람이 하루 동안 만든 송편은 모두 93개였습니다. 점심을 먹기 전 두 사람이 만든 송편은 몇 개인가요?

풀이

답 _____

문해력 레벨 **2**

3 진열대에 주스가 96개 놓여 있습니다. 딸기주스는 38개, 키위주스는 29개, 수박주스는 15개가 있고 나머지는 사과주스입니다. 진열대에 놓여 있는 사과주스는 몇 개인가요?

풀이

답 _____

8-1 유사 문제

4 재현이가 집에서 문구점을 지나 병원까지 걸으면 45걸음이고, 문구점에서 병원을 지나 은행까지 걸으면 46걸음입니다. 집에서 문구점과 병원을 지나 은행까지 걸으면 72걸음일 때 문구점에서 병원까지 걸으면 몇 걸음인가요?

풀이

답 _____

8-2 유사 문제

5 연지가 ㉠에서 ㉡을 지나 ㉢까지 걸으면 48걸음이고, ㉡에서 ㉢을 지나 ㉣까지 걸으면 39걸음입니다. ㉡에서 ㉢까지 걸으면 16걸음일 때 ㉠에서 ㉡과 ㉢을 지나 ㉣까지 걸으면 몇 걸음인가요?

풀이

답 _____

기출1 유사 문제

1 준기는 집에 있는 단추를 모양별로 분류해 본 후 다시 구멍 수에 따라 분류하였습니다. 원 모양 단추는 삼각형 모양 단추보다 5개 더 많을 때 구멍이 4개인 삼각형 모양 단추는 몇 개인가요?

	원 모양 단추	삼각형 모양 단추	사각형 모양 단추
구멍이 2개인 단추	27개	19개	15개
구멍이 4개인 단추	15개		

풀이

답 _____

기출 변형

2 위 **1**에서 구멍이 2개인 단추는 구멍이 4개인 단추보다 9개 더 적을 때 구멍이 4개인 사각형 모양 단추는 몇 개인가요?

풀이

답 _____

기출 2 유사 문제

3 다음과 같이 세 원 가, 나, 다를 겹치게 그렸습니다. 한 원 안에 있는 네 수의 합이 각각 83일 때 ㉠, ㉡, ㉢의 값을 구하세요.

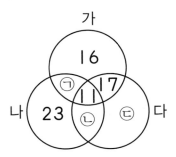

풀이

답 ㉠: _____, ㉡: _____, ㉢: _____

기출 변형

4 다음과 같이 세 원 가, 나, 다를 겹치게 그렸습니다. 한 원 안에 있는 네 수의 합이 각각 92일 때 ㉠+㉡+㉢의 값을 구하세요.

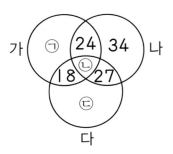

풀이

답 _____

1-1 유사 문제

1 윤우가 생각하고 있는 수는 2씩 2번 뛰어 센 수입니다. 이 수의 8배 한 수를 구하세요.

풀이

답 _____

1-2 유사 문제

2 영서네 아파트의 자전거 보관소마다 세발자전거가 3대씩 있습니다. 자전거 보관소 2곳에 있는 세발자전거의 바퀴는 모두 몇 개인가요?

풀이

답 _____

1-3 유사 문제

3 ※마카롱이 한 봉지에 3개씩 들어 있고, 상자마다 3봉지씩 3상자가 있습니다. 이 중에서 20개를 꺼내 먹었다면 남은 마카롱은 몇 개인가요?

풀이

출처: © Parinya/shutterstock

📖 문해력 어휘

마카롱: 아몬드, 밀가루, 달걀 흰자, 설탕을 넣어 만든 과자

답 _____

2-1 유사 문제

4 냉장고에 초코 우유는 5개씩 4줄, 딸기 우유는 6개씩 2줄로 놓여 있습니다. 냉장고에 놓여 있는 초코 우유와 딸기 우유는 모두 몇 개인가요?

풀이

답 _____

2-2 유사 문제

5 키위를 8개씩 5팩, 망고를 9개씩 4팩 샀습니다. 망고를 키위보다 몇 개 더 적게 샀나요?

풀이

답 _____

2-3 유사 문제

6 윤지의 옷장에 단추가 2개인 옷이 7벌, 단추가 3개인 옷이 9벌 있습니다. 윤지의 옷장에 있는 옷의 단추는 모두 몇 개인가요?

풀이

답 _____

3-2 유사 문제

1 꽃다발에 노란색 장미는 8송이, 빨간색 장미는 6송이 있고, 흰색 장미는 빨간색 장미 수의 3배만큼 있습니다. 꽃다발에 있는 장미는 모두 몇 송이인가요?

풀이

답 _____

3-3 유사 문제

2 지윤이 방의 책꽂이에 동화책은 3권 꽂혀 있고, 위인전은 동화책 수의 4배만큼 꽂혀 있습니다. 위인전은 동화책보다 몇 권 더 많은가요?

풀이

답 _____

문해력 레벨 **3**

3 해나는 노란색, 보라색, 주황색 색종이를 샀습니다. 노란색 색종이는 7장 샀고, 보라색 색종이는 노란색 색종이 수의 2배만큼 샀습니다. 주황색 색종이는 노란색 색종이 수의 5배만큼 샀다면 주황색 색종이는 보라색 색종이보다 몇 장 더 많이 샀나요?

풀이

답 _____

4-1 유사 문제

4 한 달 동안 정우, 효원, 민성이가 읽은 책 수를 조사하였습니다. 정우는 책을 **5**권 읽었고, 효원이는 정우가 읽은 책 수의 **3**배만큼 읽었습니다. 민성이는 효원이가 읽은 책 수보다 **2**권 더 많이 읽었다면 민성이는 책을 몇 권 읽었나요?

풀이

답 _____

4-2 유사 문제

5 진영이의 나이는 **2**씩 **3**번 뛰어 센 수입니다. 아버지의 나이는 진영이의 나이의 **6**배일 때 아버지의 나이는 몇 살인가요?

풀이

답 _____

4-3 유사 문제

6 2018년 평창 올림픽에서 우리나라 선수가 딴 동메달 수는 **4**개입니다. 딴 은메달은 딴 동메달 수의 **2**배이고, 딴 금메달은 딴 은메달 수보다 **3**개 더 적습니다. 우리나라 선수가 딴 메달은 모두 몇 개인가요?

풀이

답 _____

5-1 유사 문제

1 3장의 수 카드 8 , 3 , 5 중에서 2장을 뽑아 한 번씩만 사용하여 곱셈식을 만들려고 합니다. 만들 수 있는 곱셈식 중 계산 결과가 가장 클 때의 값을 구하세요.

풀이

답 _____

5-2 유사 문제

2 3장의 수 카드 4 , 6 , 9 중에서 2장을 뽑아 한 번씩만 사용하여 곱셈식을 만들려고 합니다. 만들 수 있는 곱셈식 중 계산 결과가 가장 작을 때의 값을 구하세요.

풀이

답 _____

5-3 유사 문제

3 3장의 수 카드 6 , 7 , 3 중에서 2장을 뽑아 한 번씩만 사용하여 곱셈식을 만들려고 합니다. 만들 수 있는 곱셈식 중 계산 결과가 가장 작을 때의 값과 남은 수의 합은 얼마인가요?

풀이

답 _____

6-1 유사 문제

4 주영이는 아몬드 쿠키를 4개씩 4번 구웠고, 초코칩 쿠키를 8개씩 3번 구웠습니다. 아몬드 쿠키와 초코칩 쿠키 중 더 많이 구운 쿠키는 무엇인가요?

풀이

답 _____

6-2 유사 문제

5 참치 통조림이 5개씩 4묶음, 골뱅이 통조림이 4개씩 8묶음 있습니다. 참치 통조림과 골뱅이 통조림 중 더 적게 있는 것은 무엇인가요?

풀이

답 _____

6-3 유사 문제

6 붙임딱지를 태희는 40장, 상진이는 45장 가지고 있었습니다. 붙임딱지를 태희는 하루에 2장씩 5일 동안, 상진이는 하루에 7장씩 2일 동안 사용했습니다. 태희와 상진이 중 남은 붙임딱지가 더 적은 사람은 누구인가요?

풀이

답 _____

7-2 유사 문제

1 어떤 수에 3을 곱했더니 21이 되었습니다. 어떤 수를 구하세요.

풀이

답 _____

7-3 유사 문제

2 귤이 한 봉지에 4개씩 9봉지 있습니다. 이 귤을 접시 한 개에 6개씩 담는다면 접시는 적어도 몇 개 필요한가요?

풀이

답 _____

문해력 레벨 **3**

3 어떤 수에 4를 곱해야 할 것을 잘못하여 5를 곱했더니 15가 되었습니다. 바르게 계산한 값은 얼마인가요?

풀이

답 _____

8-1 유사 문제

4 다음과 같이 어떤 수를 넣으면 ♣배가 되어 나오는 상자가 있습니다. 이 상자에 6을 넣었더니 18이 나왔습니다. 8을 넣으면 얼마가 나오는지 구하세요.

$$6 \rightarrow \boxed{\times ♣} \rightarrow 18 \qquad 8 \rightarrow \boxed{\times ♣} \rightarrow ?$$

풀이

답 _____

8-2 유사 문제

5 다음과 같이 어떤 수를 넣으면 ★배가 되어 나오는 상자가 있습니다. 이 상자에 5를 넣었더니 25가 나왔고, ●를 넣었더니 45가 나왔습니다. ●에 알맞은 수를 구하세요.

$$5 \rightarrow \boxed{\times ★} \rightarrow 25 \qquad ● \rightarrow \boxed{\times ★} \rightarrow 45$$

풀이

답 _____

기출1 유사 문제

1 ■에 알맞은 수를 구하세요.

> 8 × 6은 7 × ■보다 15만큼 더 작습니다.

풀이

답 _____

기출 변형

2 ■에 3배 한 수를 구하세요.

> 6 × 9는 8 × ■보다 14만큼 더 큽니다.

풀이

답 _____

5일 **복습**

기출2 유사 문제

3 3개의 수 1, 2, 4 중 서로 다른 두 수를 사용하여 두 수의 합과 곱을 만들었더니 |보기|
와 같이 6개의 서로 다른 수가 만들어졌습니다.

┤보기├
합: $1+2=③$, $1+4=⑤$, $2+4=⑥$
곱: $1×2=②$, $1×4=④$, $2×4=⑧$

4개의 수 3, 5, 7, 9 중 서로 다른 두 수를 사용하여 |보기|와 같이 두 수의 합과 곱을
만들려고 합니다. 만들 수 있는 서로 다른 수는 모두 몇 개인가요?

풀이

답 _____

기출 변형

4 3개의 수 2, 3, 5 중 서로 다른 두 수를 사용하여 두 수의 합과 곱을 만들었더니 |보기|
와 같이 6개의 서로 다른 수가 만들어졌습니다.

┤보기├
합: $2+3=⑤$, $2+5=⑦$, $3+5=⑧$
곱: $2×3=⑥$, $2×5=⑩$, $3×5=⑮$

4개의 수 2, 4, 5, 6 중 서로 다른 두 수를 사용하여 |보기|와 같이 두 수의 합과 곱을
만들려고 합니다. 만들 수 있는 서로 다른 수는 모두 몇 개인가요?

풀이

답 _____

1-1 유사 문제

1 근영이는 오른쪽과 같이 종이에 선을 2개 그은 다음 선을 따라 모두 잘랐습니다. 이때 생긴 3개 도형의 변의 수의 합은 몇 개인가요?

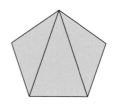

풀이

답 _____

1-2 유사 문제

2 아름이는 오른쪽과 같이 종이에 세 점을 찍고 찍은 점을 잇는 곧은 선을 2개 그은 다음 선을 따라 모두 잘랐습니다. 이때 생긴 모든 도형의 변의 수의 합은 몇 개인가요?

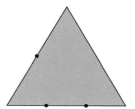

풀이

답 _____

1-3 유사 문제

3 은선이는 오른쪽과 같이 색종이를 접은 후 선을 따라 종이를 겹쳐서 가위로 자른 다음 펼쳤습니다. 이때 생긴 모든 도형의 꼭짓점 수의 합은 몇 개인가요?

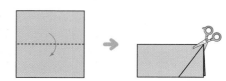

풀이

답 _____

2-1 유사 문제

4 유정이는 삼각형에 꼭짓점과 변을 잇는 선을 2개 그어 오른쪽과 같은 모양을 만들었습니다. 이 모양에서 찾을 수 있는 크고 작은 삼각형은 모두 몇 개인가요?

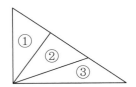

풀이

답 _____

2-2 유사 문제

5 오른쪽은 아프리카에 있는 나라 베냉의 국기입니다. 이 국기에서 찾을 수 있는 크고 작은 사각형은 모두 몇 개인가요?

풀이

답 _____

2-3 유사 문제

6 오른쪽 모양에서 찾을 수 있는 크고 작은 사각형 중에서 ★ 모양이 그려진 칸이 포함된 사각형은 모두 몇 개인가요?

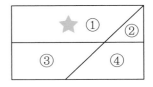

풀이

답 _____

3-1 유사 문제

1 주혁이와 동욱이가 쌓기나무로 오른쪽과 같은 모양을 각자 만들었습니다. 누가 쌓기나무를 더 많이 사용했나요?

풀이

 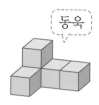

답 _____

3-2 유사 문제

2 예빈이와 리안이가 쌓기나무로 오른쪽과 같은 모양을 각자 만들었습니다. 누가 쌓기나무를 몇 개 더 적게 사용했는지 차례로 쓰세요.

풀이

답 _____ , _____

3-3 유사 문제

3 준하는 쌓기나무를 왼쪽과 같이 쌓았습니다. 쌓기나무를 몇 개 더 쌓아 오른쪽과 같은 모양이 되었을 때 더 쌓은 쌓기나무는 몇 개인가요?

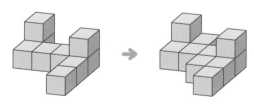

풀이

답 _____

4-1 유사 문제

4 지아는 색종이로 모양과 크기가 같은 상자를 여러 개 만들어 오른쪽과 같이 쌓았습니다. 쌓고 남은 상자가 **3**개일 때 지아가 만든 상자는 몇 개인가요?

풀이

답 _____

4-2 유사 문제

5 상자에 들어 있던 쌓기나무 중 일부를 꺼내 오른쪽과 같이 지혜가 쌓고, 남은 쌓기나무를 모두 사용하여 연아가 쌓았습니다. 상자에 들어 있던 쌓기나무는 몇 개인가요?

풀이

답 _____

4-3 유사 문제

6 유미와 서윤이가 각자 가지고 있던 쌓기나무로 오른쪽과 같이 쌓았더니 유미는 **3**개, 서윤이는 **2**개 남았습니다. 처음에 가지고 있던 쌓기나무는 누가 몇 개 더 많았는지 차례로 쓰세요.

풀이

답 _____, _____

5-1 유사 문제

1 기은, 지수, 미나가 같은 책상의 긴 쪽의 길이를 각자 자신의 뼘으로 쟀습니다. 각자 잰 뼘의 수가 기은이는 10뼘, 지수는 8뼘, 미나는 12뼘입니다. 한 뼘의 길이가 가장 긴 친구는 누구인가요?

풀이

답 _____

5-2 유사 문제

2 막대 가, 나, 다 중 한 종류의 막대 여러 개를 이용하여 칠판 긴 쪽의 길이를 재려고 합니다. 세 막대의 길이가 오른쪽과 같을 때 사용하는 막대의 수가 가장 적은 것을 찾아 기호를 쓰세요.

가 [막대]
나 [막대]
다 [막대]

풀이

답 _____

5-3 유사 문제

3 유진이는 교실 문 짧은 쪽의 길이를 지우개, 풀, 분필을 이용해 각각 재어 보았습니다. 잰 횟수가 지우개로는 9번, 풀로는 7번이고, 분필로는 풀로 쟀을 때보다 3번 더 많았습니다. 길이가 가장 긴 물건은 어느 것인가요?

풀이

답 _____

6-1 유사 문제

4 우산의 길이를 주아는 약 **80** cm, 시환이는 약 **73** cm, 예서는 약 **70** cm로 어림했습니다. 실제 길이가 **76** cm일 때, 실제 길이에 가장 가깝게 어림한 사람은 누구인가요?

풀이

답 _____

6-2 유사 문제

5 공원에 피어있는 해바라기의 키를 민서는 약 **80** cm로 어림하였고, 태린이는 민서보다 **4** cm 더 크게 어림하였습니다. 실제 해바라기의 키는 태린이가 어림한 것보다 **5** cm 더 컸다면 실제 해바라기의 키는 몇 cm인가요?

풀이

답 _____

6-3 유사 문제

6 가방의 길이를 은지는 약 **45** cm로 어림하였고, 하린이는 은지보다 **3** cm 더 길게 어림하였습니다. 실제 길이가 **47** cm라고 할 때 누가 실제 길이에 더 가깝게 어림했나요?

풀이

답 _____

7-1 유사 문제

1 길이가 3 cm, 6 cm인 색 막대가 한 개씩 있습니다. 이 막대를 사용하여 잴 수 있는 길이를 모두 쓰세요.

3 cm   6 cm

풀이

답 _____

7-2 유사 문제

2 길이가 4 cm, 5 cm, 10 cm인 끈이 한 개씩 있습니다. 이 중 2개를 사용하여 겹치지 않게 이어 붙이거나 겹쳐서 잴 수 있는 길이는 모두 몇 가지인가요?

풀이

답 _____

7-3 유사 문제

3 길이가 2 cm, 5 cm, 6 cm인 막대 3개로 오른쪽과 같이 한 곳에 연결해 자유롭게 움직이도록 만들었습니다. 이렇게 만든 막대로 잴 수 있는 길이를 모두 쓰세요.

2 cm   6 cm

5 cm

풀이

답 _____

8-1 유사 문제

4 초코바 3개와 사탕 2개를 길게 연결한 길이는 초코바 2개와 사탕 4개를 길게 연결한 길이와 같습니다. 사탕 1개의 길이가 3 cm일 때 초코바 1개의 길이는 몇 cm인가요? (단, 초코바끼리 길이가 같고, 사탕끼리 길이가 같습니다.)

풀이

답 _____

8-2 유사 문제

5 연필 5자루와 볼펜 5자루를 길게 연결한 길이는 연필 2자루와 볼펜 9자루를 길게 연결한 길이와 같습니다. 연필과 볼펜 중 길이가 더 짧은 것은 어느 것인가요? (단, 연필끼리 길이가 같고, 볼펜끼리 길이가 같습니다.)

풀이

답 _____

기출1 유사 문제

1 |보기|는 사각형의 꼭짓점과 꼭짓점을 잇는 곧은 선을 모두 긋고 그은 선을 따라 모두 자르는 모습입니다. 오각형을 |보기|와 같은 방법으로 곧은 선을 모두 그어 잘랐을 때 만들어지는 모든 삼각형의 꼭짓점 수의 합은 몇 개인가요?

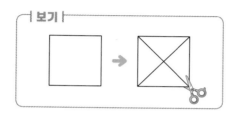

풀이

답 _____

기출 변형

2 |보기|는 오각형의 꼭짓점 중에서 빨간색으로 표시한 꼭짓점과 다른 꼭짓점을 잇는 곧은 선을 모두 긋고 그은 선을 따라 모두 자르는 모습입니다. 육각형을 |보기|와 같은 방법으로 곧은 선을 모두 그어 자르면 삼각형은 사각형보다 몇 개 더 많이 생기나요?

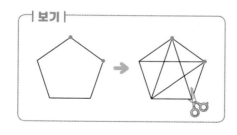

풀이

답 _____

기출2 유사 문제

3 2 cm인 막대와 3 cm인 막대를 이용하면 다음과 같이 Ⅰ cm와 5 cm도 잴 수 있습니다.

| 2 cm | Ⅰ cm |
| 3 cm |

〈Ⅰ cm 재기〉

5 cm

| 2 cm | 3 cm |

〈5 cm 재기〉

Ⅰ cm, 2 cm, 5 cm인 막대가 각각 Ⅰ개씩 있을 때, 이 막대를 이용하여 잴 수 있는 길이는 모두 몇 가지인지 구하세요.

풀이

답 _____

기출 변형

4 2장의 종이를 사용하여 잴 수 있는 길이는 모두 몇 가지인지 구하세요. (단, 종이를 접거나 오려서 사용하지는 않습니다.)

6 cm

3 cm

2 cm

4 cm

풀이

답 _____

立 身 揚 名

설 .... 몸 .... 오를 .... 이름 ....
입 신 양 명

'호랑이는 죽어서 가죽을 남기고,
사람은 죽어서 이름을 남긴다.'는 속담을 알고 있나요?
착하고 훌륭한 일을 하면 그 사람의 이름이 후세에까지 빛난다는 뜻인데,
'입신양명'도 같은 의미로 사용되는 말이랍니다.
열심히 공부하는 여러분! '입신양명'을 응원합니다.

뭘 좋아할지 몰라 다 준비했어♥
전과목 교재

전과목 시리즈 교재

● 무등생 해법시리즈

– 국어/수학	1~6학년, 학기용
– 사회/과학	3~6학년, 학기용
– 봄·여름/가을·겨울	1~2학년, 학기용
– SET(전과목/국수, 국사과)	1~6학년, 학기용

● 똑똑한 하루 시리즈

– 똑똑한 하루 독해	예비초~6학년, 총 14권
– 똑똑한 하루 글쓰기	예비초~6학년, 총 14권
– 똑똑한 하루 어휘	예비초~6학년, 총 14권
– 똑똑한 하루 수학	1~6학년, 학기용
– 똑똑한 하루 계산	예비초~6학년, 총 14권
– 똑똑한 하루 도형	예비초~6단계, 총 8권
– 똑똑한 하루 사고력	1~6학년, 학기용
– 똑똑한 하루 사회/과학	3~6학년, 학기용
– 똑똑한 하루 봄/여름/가을/겨울	1~2학년, 총 8권
– 똑똑한 하루 안전	1~2학년, 총 2권
– 똑똑한 하루 Voca	3~6학년, 학기용
– 똑똑한 하루 Reading	초3~초6, 학기용
– 똑똑한 하루 Grammar	초3~초6, 학기용
– 똑똑한 하루 Phonics	예비초~초등, 총 8권

● 초등 문해력 독해가 힘미다 비문학편

	3~6학년, 단계별

영어 교재

● 초등영어 교과서 시리즈

파닉스(1~4단계)	3~6학년, 학년용
회화(입문1~2, 1~6단계)	3~6학년, 학기용
영단어(1~4단계)	3~6학년, 학년용

● 셀파 English(어휘/회화/문법)	3~6학년
● Reading Farm(Level 1~4)	3~6학년
● Grammar Town(Level 1~4)	3~6학년
● LOOK BOOK 영단어	3~6학년, 단행본
● 원서 읽는 LOOK BOOK 영단어	3~6학년, 단행본
● 멘토 Story Words	2~6학년, 총 6권

정답과 해설

초등 문해력
독해가
힘이다

2-A 문장제 수학편

천재교육

정답과 해설
포인트 ③가지

▶ 혼자서도 이해할 수 있는 친절한 문제 풀이

▶ 문제 해결에 꼭 필요한 핵심 전략 제시

▶ 참고, 주의, 다르게 풀기 등 자세한 풀이 제시

1주 세 자리 수

1주 준비학습 6~7쪽

1 100 ≫ 100

2 125 ≫ 125

3 300 ≫ 300자루

4 247 ≫ 247개

5 150, 160 ≫ 160

6 (○)( ) ≫ 유빈

7 ( )(△) ≫ 상현

---

1 10이 10개인 수는 100이다.

참고
100이 1개인 수 → 10
100이 2개인 수 → 20
100이 3개인 수 → 30
⋮
100이 10개인 수 → 100

2 100이 1개, 10이 2개, 1이 5개인 수는 125 이다.

참고
100이 ■개, 10이 ▲개, 1이 ●개인 수
→ ■▲●

3 100이 3개인 수는 300이다.

참고
100이 ■개인 수는 ■00이다.

4 100이 2개, 10이 4개, 1이 7개인 수는 247 이다.

5 10씩 뛰어 세면 십의 자리 숫자가 1씩 커진다.
120−130−140−150−160

참고
100씩 뛰어 세면 백의 자리 숫자가 1씩, 10씩 뛰어 세면 십의 자리 숫자가 1씩, 1씩 뛰어 세면 일의 자리 숫자가 1씩 커진다.

6 전략
유빈이네 마을의 학생 수와 지석이네 마을의 학생 수 중 더 큰 수를 찾자.

420>380이므로 학생 수가 더 많은 마을은
└4>3┘
유빈이네 마을이다.

7 전략
재영이의 점수와 상현이의 점수 중 더 작은 수를 찾자.

229>220이므로 점수가 더 낮은 사람은 상현
└9>0┘
이다.

1주 준비학습 8~9쪽

1 7, 700 / 700개

2 3, 5, 235 / 235권

3 521개

4 600, 700, 800, 900 / 900

5 790, 800, 810, 820, 830 / 830

6 <, 2 / 2학년

7 여행

---

3 100이 5개, 10이 2개, 1이 1개인 수 → 521

4 100씩 뛰어 세면 백의 자리 숫자가 1씩 커진다.
500−600−700−800−900

5 10씩 뛰어 세면 십의 자리 숫자가 1씩 커진다.
780−790−800−810−820−830

6 160<185이므로 학생 수가 더 많은 학년은
└6<8┘
2학년이다.

참고
• **세 자리 수의 크기를 비교하는 방법**
백의 자리 숫자부터 비교하고, 백의 자리 숫자가 같으면 십의 자리 숫자, 백의 자리 숫자와 십의 자리 숫자가 같으면 일의 자리 숫자를 비교한다.

7 780<786이므로 여행 사진이 더 많다.
└0<6┘

정답과 해설

문해력 문제 1

풀기 ❶ 20   ❷ 20

답 20자루

1-1 40개   1-2 30장, 5장   1-3 150

1-1 ❶ 100은 60보다 40만큼 더 큰 수이다.
     ❷ 내일 따야 하는 방울토마토는 40개이다.

1-2 ❶ 100은 70보다 30만큼 더 큰 수이다.
     ➜ 준혁이가 더 모아야 하는 칭찬 붙임딱지는 30장이다.
     ❷ 100은 95보다 5만큼 더 큰 수이다.
     ➜ 은우가 더 모아야 하는 칭찬 붙임딱지는 5장이다.

1-3 ❶ 100은 50보다 50만큼 더 큰 수이므로 기은이가 생각한 수는 50이다.
     ❷ 50보다 100만큼 더 큰 수는 150이다.

문해력 문제 2

풀기 ❶ 1   ❷ 5, 4, 3, 543

답 543개

2-1 425개   2-2 793장   2-3 391개

2-1 ❶ 10개씩 12묶음은 100개씩 1상자, 10개씩 2묶음과 같다.
     ❷ 친환경 빨대는 100개씩 3+1=4(상자), 10개씩 2묶음, 낱개로 5개와 같다.
     ➜ 친환경 빨대는 모두 425개이다.

2-2 ❶ 낱장으로 23장은 10장씩 2묶음, 낱장으로 3장과 같다.
     ❷ 도화지는 100장씩 7상자, 10장씩 7+2=9(묶음), 낱장으로 3장과 같다.
     ➜ 도화지는 모두 793장이다.

2-3 ❶ 남은 초콜릿은 100개씩 3상자, 10개씩 8봉지, 낱개로 11개이다.
     ❷ 낱개로 11개는 10개씩 1봉지, 낱개로 1개와 같다.
     ❸ 남은 초콜릿은 100개씩 3상자, 10개씩 8+1=9(봉지), 낱개로 1개와 같다.
     ➜ 남은 초콜릿은 391개이다.

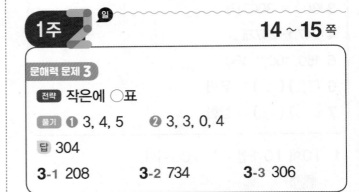

문해력 문제 3

전략 작은에 ○표

풀기 ❶ 3, 4, 5   ❷ 3, 3, 0, 4

답 304

3-1 208   3-2 734   3-3 306

3-1 ❶ 수의 크기 비교하기: 0 < 2 < 8 < 9
     ❷ 가장 작은 수의 백의 자리 숫자: 2
     ➜ 가장 작은 세 자리 수: 208

3-2 ❶ 수의 크기 비교하기: 7 > 4 > 3 > 1
     ❷ 일의 자리 숫자가 4인 가장 큰 세 자리 수: 734

3-3 ❶ 수의 크기 비교하기: 0 < 3 < 5 < 6 < 8
     ❷ 가장 작은 세 자리 수: 305
     ❸ 두 번째로 작은 세 자리 수: 306
     ➜ 유빈이가 만든 수: 306

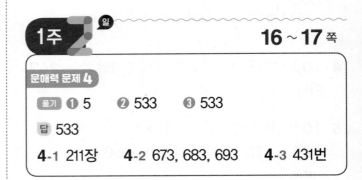

문해력 문제 4

풀기 ❶ 5   ❷ 533   ❸ 533

답 533

4-1 211장   4-2 673, 683, 693   4-3 431번

4-1 ❶ 백의 자리 숫자: 2
     ❷ 조건을 만족하는 세 자리 수: 211
     ❸ 지아가 모은 붙임딱지 수: 211장

4-2 ❶ 백의 자리 숫자: 6

　❷ 십의 자리 숫자가 될 수 있는 수: 7, 8, 9

　❸ 조건을 만족하는 세 자리 수: 673, 683, 693

4-3 ❶ 백의 자리 숫자: 4

　❷ 각 자리 숫자의 합이 8인 세 자리 수:
　422, 431, 440

　❸ 위 ❷에서 구한 수 중 각 자리 숫자가 모두 서로 다른 수는 431이다.

　➡ 동욱이가 타는 버스의 번호: 431번

1주 **18~19** 쪽

문해력 문제 5

전략 작은에 ○표

풀기 ❶ 205, 221, 197　　❷ 혜지

답 혜지

5-1 토요일　　**5-2** ㉡　　**5-3** 지혁

문해력 문제 5

참고

가장 작은 수 찾기	가장 큰 수 찾기
가장 적은 가장 먼저 들어가는 가장 싼	가장 많은 가장 나중에 들어가는 가장 비싼

5-1 ❶ 470>455>395이므로 가장 큰 수는 470이다.

　❷ 입장객 수가 가장 많은 날은 토요일이다.

5-2 ❶ 650<700<750이므로 가장 작은 수는 650이다.

　❷ 볼펜 한 자루의 값이 가장 싼 곳은 ㉡ 문구점이다.

5-3 ❶ 십의 자리 숫자를 비교하면 3<7<9이므로 가장 작은 수는 23●이다.

참고

백의 자리 숫자는 모두 같으므로 십의 자리 숫자를 비교한다.

　❷ 줄넘기를 가장 적게 한 사람은 지혁이다.

1주 **20~21** 쪽

문해력 문제 6

풀기 ❶ (위에서부터) 예 3개, 1개 / 2개, 6개 / 1개, 11개

　❷ 4

답 4가지

6-1 3가지　　　　**6-2** 4가지

문해력 문제 6

❶ 260원 만들기

	100원	50원	10원
방법 1	2개	1개	1개
방법 2	1개	3개	1개
방법 3	1개	2개	6개
방법 4	1개	1개	11개

주의

3가지 동전을 적어도 1개씩은 반드시 포함해야 하므로 빈칸에 0개를 쓰지 않는다.

❷ 지우개 값을 낼 수 있는 방법: 4가지

6-1 ❶ 850원 만들기

	500원	100원	50원
방법 1	1개	3개	1개
방법 2	1개	2개	3개
방법 3	1개	1개	5개

❷ 아이스크림 값을 낼 수 있는 방법: 3가지

6-2 ❶ 130달러 만들기

	100달러	50달러	10달러
방법 1	1장	0장	3장
방법 2	0장	2장	3장
방법 3	0장	1장	8장
방법 4	0장	0장	13장

주의

이 경우 모든 지폐를 꼭 내지 않아도 되므로 빈칸에 0장을 쓸 수 있다.

❷ 물건값을 낼 수 있는 방법: 4가지

문해력 문제 7

전략 100, 4

풀이 ❶ 550, 650, 750, 850   ❷ 850

답 850원

7-1 855개   **7-2** 479   **7-3** 660

문해력 문제 7

❶ 450부터 100씩 4번 뛰어 세기

| 450 |—| 550 |—| 650 |—| 750 |—| 850 |

❷ 지금 저금통 안에 들어 있는 돈: 850원

참고

450원부터 하루에 100원씩 4일 동안 저금하기

↓   ↓   ↓

450부터   100씩   4번 뛰어 세기

7-1 ❶ 255부터 200씩 3번 뛰어 세기

255−455−655−855

❷ 지율이네 가족이 따는 사과 수: 855개

7-2 전략

3개월 전의 비밀번호부터 10씩 3번 뛰어 세기 하여 509가 되었으므로 3개월 전의 비밀번호는 509부터 10씩 3번 거꾸로 뛰어 세기 하여 구한다.

❶ 509부터 10씩 3번 거꾸로 뛰어 세기

509−499−489−479

❷ 3개월 전의 비밀번호: 479

7-3 ❶ 300−290−280−270−260

➡ ㉠은 260이다.

참고

㉠부터 10씩 4번 뛰어 세기 하여 300이 되었으므로 ㉠은 300부터 10씩 4번 거꾸로 뛰어 세기 한 수이다.

❷ 260−360−460−560−660

참고

위 ❶에서 구한 ㉠ 260부터 100씩 4번 뛰어 세기 한 다.

문해력 문제 8

전략 백에 ◯표

풀이 ❶ (위에서부터) 210 / 1개, 201 / 0개, 120 / 1개, 111

❷ 4

답 4개

8-1 5개   **8-2** 720원

문해력 문제 8

❶

백 모형	십 모형	일 모형		세 자리 수
2개	1개	0개	➡	210
2개	0개	1개	➡	201
1개	2개	0개	➡	120
1개	1개	1개	➡	111

❷ 나타낼 수 있는 세 자리 수: 210, 201, 120, 111로 4개이다.

8-1 ❶

백 모형	십 모형	일 모형		세 자리 수
3개	0개	0개	➡	300
2개	1개	0개	➡	210
2개	0개	1개	➡	201
1개	2개	0개	➡	120
1개	1개	1개	➡	111

❷ 나타낼 수 있는 세 자리 수: 5개

참고

나타낼 수 있는 세 자리 수: 300, 210, 201, 120, 111

8-2 ❶

500원	100원	10원		금액
1개	3개	1개	➡	810원
1개	2개	2개	➡	720원
1개	1개	3개	➡	630원
0개	3개	2개	➡	320원
0개	2개	3개	➡	230원

❷ 위 ❶에서 구한 금액 중에서 700원과 800원 사이의 금액은 720원이므로 연습장 한 권은 720원이다.

정답과 해설

기출 1

❶ 500, 120   ❷ 120, 12   ❸ 5+12=17(개)

답 17개

기출 2

❶ 1, 2, 3

❷ 2, 0, 102 /

1, 0, 1, 201, 211 /

예 일의 자리 숫자는 0이고, 십의 자리 숫자는 0, 1, 2가 될 수 있다. ➡ 세 자리 수: 300, 310, 320

❸ 1+2+3=6(개)

답 6개

융합 3

❶ 200, 300, 300   ❷ 100, 150, 200, 200

답 300, 200

창의 4

❶ <, 5, 6, 7, 8, 9

❷ >, 1, 2, 3, 4, 5, 6

❸ 예 위 ❶과 ❷에서 공통인 수를 모두 구하면 5, 6이다.

답 5, 6

창의 4

❶ 555<■63에서 십의 자리 숫자를 비교하면 5<6이므로 ■에 알맞은 수는 5이거나 5보다 크다.

➡ 5, 6, 7, 8, 9

❷ 777>7■9에서 일의 자리 숫자를 비교하면 7<9이므로 ■에 알맞은 수는 7보다 작다.

➡ 1, 2, 3, 4, 5, 6

주의

한쪽 양팔저울에서만 ■에 알맞은 수를 구하여 답하지 않도록 한다.

1 10개	**2** 546개
3 은재	**4** 185개
5 406	**6** 625
7 945	**8** 155개
9 4가지	**10** 4개

1 ❶ 100은 90보다 10만큼 더 큰 수이다.

❷ 더 주워야 하는 밤은 10개이다.

참고

100은 99보다 1만큼 더 큰 수, 90보다 10만큼 더 큰 수, 80보다 20만큼 더 큰 수, ...이다.

2 ❶ 낱개로 16개는 10개씩 1묶음, 낱개로 6개와 같다.

❷ 모자는 100개씩 5상자,

10개씩 3+1=4(묶음), 낱개로 6개와 같다.

➡ 준비한 모자는 모두 546개이다.

3 전략

먼저 온 사람이 작은 번호를 받게 되므로 수의 크기를 비교하여 가장 작은 수를 찾는다.

❶ 350<355<360이므로 수가 가장 작은 번호는 350번이다.

❷ 대기 번호표를 가장 먼저 뽑은 사람은 은재이다.

4 전략

오늘까지 125개 접었고 하루에 10개씩 6일 동안 더 접는다고 했으므로 125부터 10씩 6번 뛰어 세기 한다.

❶ 125-135-145-155-165-175-185

❷ 현아가 접는 종이학 수: 185개

5 ❶ 수의 크기 비교하기: 0<4<6<7

❷ 가장 작은 수의 백의 자리 숫자: 4

➡ 가장 작은 세 자리 수: 406

주의

세 자리 수를 만들 때에는 백의 자리에 0이 올 수 없다.

6 ❶ 650부터 5씩 5번 거꾸로 뛰어 세기

650−645−640−635−630−625

❷ 서윤이가 생각한 수: 625

7 ❶ 수의 크기 비교하기: 9>5>4>2

❷ 일의 자리 숫자가 5인 가장 큰 세 자리 수: 945

> 참고
>
> • 세 자리 수를 만드는 순서
>
> | 백 | 십 | 일 |
> |---|---|---|
> | 9 | 4 | 5 |
>
> ① 일의 자리 숫자: 5
>
> ② 5를 제외한 수 중 가장 큰 수
>
> ③ 9와 5를 제외한 수 중 가장 큰 수

8 ❶ 백의 자리 숫자: 1

❷ 조건을 만족하는 세 자리 수: 155

❸ 지유가 모은 구슬 수: 155개

9 ❶ 300원 만들기

	100원	50원	10원
방법 1	2개	1개	5개
방법 2	1개	3개	5개
방법 3	1개	2개	10개
방법 4	1개	1개	15개

❷ 사탕 값을 낼 수 있는 방법: 4가지

> 주의
>
> 3가지 동전을 적어도 1개씩은 반드시 포함해야 한다.

10 ❶

백 모형	십 모형	일 모형		세 자리 수
2개	2개	0개	➡	220
2개	1개	1개	➡	211
1개	3개	0개	➡	130
1개	2개	1개	➡	121

❷ 나타낼 수 있는 세 자리 수: 4개

> 주의
>
> • 백 모형이 0개인 경우 세 자리 수로 나타낼 수 없으므로 백 모형은 꼭 사용해야 한다.
> • 사용한 전체 수 모형이 4개인지 확인한다.
> • 백, 십, 일 모형을 주어진 개수보다 더 많이 사용한 것은 없는지 확인한다.

2주 덧셈과 뺄셈

2주 준비학습 36~37쪽

1 43 ≫ 43 / 43

2

	5	1
+	6	6
1	1	7

≫ 51+66=117 / 117개

3

	8	7
+	2	5
1	1	2

≫ 87+25=112 / 112개

4 54 ≫ 54 / 54

5

	3	2
−	1	5
	1	7

≫ 32−15=17 / 17장

6

	5	6
−	4	8
		8

≫ 56−48=8 / 8점

---

1 19보다 24만큼 더 큰 수 ➡ 19+24=43

> 참고
>
> ■보다 ▲만큼 더 큰 수 ➡ ■+▲

2 (팔린 붕어빵 수)

=(팔린 팥 붕어빵 수)+(팔린 슈크림 붕어빵 수)

=51+66=117(개)

3 (민하가 주운 밤의 수)

=(정아가 주운 밤의 수)+25

=87+25=112(개)

4 70보다 16만큼 더 작은 수 ➡ 70−16=54

> 참고
>
> ■보다 ▲만큼 더 작은 수 ➡ ■−▲

5 (예리가 처음 가지고 있던 붙임 딱지 수)

−(사용한 붙임 딱지 수)

=32−15=17(장)

6 (상혁이의 점수)−(혁규의 점수)

=56−48=8(점)

정답과 해설

1 $11-9=2$ / 2명

2 $47+6=53$ / 53개

3 $50-12=38$ / 38개

4 $23-18=5$ / 5장

5 $81+74=155$ / 155명

6 $67-19=48$ / 48개

7 $57+65=122$ / 122송이

---

1 (축구 한 팀의 사람 수)−(야구 한 팀의 사람 수)
$=11-9=2$(명)

2 (하프와 거문고의 줄 수)
　$=$(하프의 줄 수)+(거문고의 줄 수)
　$=47+6=53$(개)

3 (남은 딸기의 수)
　$=$(처음에 있던 딸기의 수)−(먹은 딸기의 수)
　$=50-12=38$(개)

4 (윤아가 모은 우표의 수)−(예서가 모은 우표의 수)
　$=23-18=5$(장)

5 (운동장에 있는 학생 수)
　$=$(남학생 수)+(여학생 수)
　$=81+74=155$(명)

6 (예서의 휴대 전화기에 저장된 연락처 수)
　$=$(시환이의 휴대 전화기에 저장된 연락처 수)−19
　$=67-19=48$(개)

> **참고**
> '■는 ▲보다 ●개 더 많습니다.'는 덧셈식을 이용하
> 여 ■=▲+●로 식을 세운다.
> '■는 ★보다 ◆개 더 적습니다.'는 뺄셈식을 이용하
> 여 ■=★−◆로 식을 세운다.

7 (화단에 피어 있는 수국과 철쭉의 수)
　$=$(수국의 수)+(철쭉의 수)
　$=57+65=122$(송이)

문해력 문제 1

전략 −, +

풀이 ❶ −, 18   ❷ 18, 61

답 61개

1-1 87개   **1-2** 50개   **1-3** 하린

1-1 ❶ (넣은 빨간색 진주의 수)$=48-9=39$(개)
　　❷ (넣은 진주의 수의 합)$=48+39=87$(개)

1-2 ❶ (농구공의 수)$=19+12=31$(개)
　　❷ (축구공과 농구공의 수의 합)
　　　$=19+31=50$(개)

1-3 ❶ (하린이가 오늘 읽은 동화책 쪽수)
　　　$=36+19=55$(쪽)
　　❷ (하린이가 어제와 오늘 읽은 동화책 쪽수의 합)
　　　$=36+55=91$(쪽)
　　❸ $91>82$이므로 이틀 동안 동화책을 더 많이
　　　읽은 사람은 하린이다.

문해력 문제 2

풀이 ❶ 37   ❷ −, 54, 54

답 54대

2-1 18 cm   **2-2** 44자루   **2-3** 147그루

2-1 ❶ 물통의 높이를 □ cm라 하면 $□+17=35$이다.
　　❷ $□=35-17$, $□=18$이므로 물통의 높이는
　　　18 cm이다.

2-2 ❶ 노란색 형광펜의 수를 □자루라 하면
　　　$□-12=32$이다.
　　❷ $□=32+12$, $□=44$이므로 노란색 형광펜
　　　의 수는 44자루이다.

2-3 ❶ 소나무의 수를 □그루라 하면 $□+35=91$이다.
　　❷ $□=91-35$, $□=56$이므로 소나무의 수는
　　　56그루이다.
　　❸ (은행나무와 소나무 수의 합)
　　　$=91+56=147$(그루)

2주 2일　44~45쪽

문해력 문제 3

전략 덧셈식에 ○표, 29

풀기 ❶ + 　❷ 52, 52 　❸ 52, 23

답 23

3-1 21 　　**3-2** 95 　　**3-3** 128

3-1 ❶ 어떤 수를 □라 하면 잘못 계산한 식은
□+17=55이다.

❷ □=55−17, □=38이므로 (어떤 수)=38

❸ (바르게 계산한 값)=38−17=21

> **참고**
> 잘못 계산한 식 　□+17=55
> 어떤 수 구하기 　□=55−17

3-2 ❶ 어떤 수를 □라 하면 잘못 계산한 식은
□−18=56이다.

❷ □=56+18, □=74이므로 (어떤 수)=74

❸ (어떤 수보다 21만큼 더 큰 수)
=74+21=95

3-3 ❶ 어떤 수를 □라 하면 잘못 계산한 식은
□−73=18이다.

❷ □=18+73, □=91이므로 (어떤 수)=91

❸ (바르게 계산한 값)=91+37=128

2주 2일　46~47쪽

문해력 문제 4

풀기 ❶ 71, 71 　❷ −, 8, 8

답 8

4-1 41 　　**4-2** 26 　　**4-3** 9

4-1 ❶ 뒤집힌 카드에 적힌 수를 □라 하면
19+□=27+33
60 ➡ 19+□=60

❷ □=60−19, □=41이므로 뒤집힌 카드에
적힌 수는 41이다.

4-2 ❶ 뒤집힌 카드에 적힌 수를 □라 하면
41−□=53−38
15 ➡ 41−□=15

> **참고**
> 뒤집힌 카드에 적힌 수가 보이는 카드에 적힌 수보다
> 작으므로 초록색 카드에 적힌 수의 차는 41−□로
> 나타낸다.

❷ □=41−15, □=26이므로 뒤집힌 카드에
적힌 수는 26이다.

4-3 ❶ 뒤집힌 카드에 적힌 수를 □라 하면
48+□=29+58
87 ➡ 48+□=87

❷ □=87−48, □=39이므로 뒤집힌 카드에
적힌 수는 39이다.

❸ (빨간색 카드에 적힌 두 수의 차)
=48−39=9

2주 3일　48~49쪽

문해력 문제 5

전략 +, +

풀기 ❶ 58, 101 / 59, 100

❷ 101, >, 100, 윤아

답 윤아

5-1 선아 　　**5-2** 일요일, 11명

5-1 **전략**
다미네 팀과 선아네 팀이 각각 전반전과 후반전 경기
에서 얻은 점수의 합을 덧셈식을 이용하여 구하자.

❶ (다미네 팀이 얻은 점수)=23+19=42(점)
(선아네 팀이 얻은 점수)=17+28=45(점)

❷ 42<45이므로 경기에서 얻은 점수가 더 높
은 팀은 선아네 팀이다.

5-2 ❶ (토요일에 입장한 사람 수의 합)
=56+25=81(명)
(일요일에 입장한 사람 수의 합)
=69+23=92(명)

❷ 81<92이므로 일요일에 입장한 사람이
92−81=11(명) 더 많다.

정답과 해설

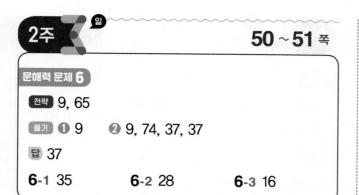

문해력 문제 6

전략 9, 65

풀기 ❶ 9 ❷ 9, 74, 37, 37

답 37

6-1 35 **6-2** 28 **6-3** 16

6-1 ❶ 큰 수를 □라 하면 차가 17이므로 작은 수는 (□−17)이다.

❷ 두 수의 합이 53이므로 □+□−17=53이다.
➡ □+□=53+17, □+□=70이고 35+35=70이므로 □=35이다.
따라서 두 사람이 뽑은 추첨권 번호 중 더 큰 수는 35이다.

6-2 ❶ 작은 수를 □라 하면 차가 26이므로 큰 수는 (□+26)이다.

❷ 두 수의 합이 82이므로 □+□+26=82이다.
➡ □+□=82−26, □+□=56이고 28+28=56이므로 □=28이다.
따라서 두 수 중 더 작은 수는 28이다.

6-3 ❶ 가장 큰 수와 둘째로 큰 수의 차가 10이고, 둘째로 큰 수와 가장 작은 수의 차가 12이므로 가장 큰 수와 가장 작은 수의 차는 22이다.

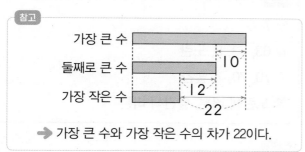

참고

➡ 가장 큰 수와 가장 작은 수의 차가 22이다.

❷ 가장 작은 수를 □라 하면 가장 큰 수와 가장 작은 수의 차가 22이므로 가장 큰 수는 (□+22)이다.

❸ 가장 큰 수와 가장 작은 수의 합이 54이므로 □+22+□=54이다.
➡ □+□=54−22, □+□=32이고 16+16=32이므로 □=16이다.
따라서 가장 작은 수는 16이다.

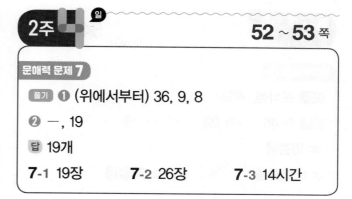

문해력 문제 7

풀기 ❶ (위에서부터) 36, 9, 8

❷ −, 19

답 19개

7-1 19장 **7-2** 26장 **7-3** 14시간

문해력 문제 7

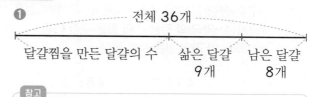

❶ 전체 36개
달걀찜을 만든 달걀의 수 │ 삶은 달걀 9개 │ 남은 달걀 8개

참고

주어진 조건을 그림으로 나타낼 때 전체 달걀 수를 나타내고 달걀찜을 만든 달걀의 수, 삶은 달걀의 수, 남은 달걀의 수를 나타낸다.

❷ (달걀찜을 만드는 데 사용한 달걀의 수)
=36−9−8=19(개)

참고

그림에서 달걀찜을 만드는 데 사용한 달걀의 수는 전체 달걀 수에서 삶은 달걀의 수와 남은 달걀의 수를 빼야 함을 알고 식을 세워 구한다.

7-1 ❶ 전체 82장
정규에게 준 상추 수 │ 진아에게 준 상추 24장 │ 남은 상추 39장

❷ (정규에게 준 상추 수)
=82−24−39=19(장)

7-2 ❶ 전체 89장
처음 준서와 현아가 가지고 있던 색종이 수 │ 준서가 산 색종이 38장 │ 현아가 산 색종이 25장

❷ (처음 준서와 현아가 가지고 있던 색종이 수)
=89−38−25=26(장)

7-3 ❶ 전체 72시간
음악을 들은 9시간 │ 영화를 본 시간 │ 남은 시간 49시간

❷ (무선 이어폰을 사용하여 영화를 본 시간)
=72−9−49=14(시간)

2주 4일 54~55쪽

문해력 문제 8

전략 분식점, 학교

풀기 ❶ 45   ❷ 92   ❸ 92, 16

답 16걸음

8-1 18걸음   **8-2** 78걸음

8-1 **전략**

(서점~은행)의 걸음 수는 (우체국~은행)의 걸음 수와 (서점~약국)의 걸음 수의 합을 구한 다음 (우체국~약국)의 걸음 수를 뺀다.

❶

```
        49걸음        48걸음
  ┌─────────┬────────┬─────────┐
 우체국      서점     은행       약국
        └────── 79걸음 ──────┘
```

❷ (우체국~은행)의 걸음 수
  ＋(서점~약국)의 걸음 수
  ＝49＋48＝97(걸음)

❸ (서점~은행)의 걸음 수
  ＝97－79＝18(걸음)

8-2 **전략**

(㉠~㉣)의 걸음 수는 (㉠~㉢)의 걸음 수와 (㉡~㉣)의 걸음 수의 합을 구한 다음 (㉡~㉢)의 걸음 수를 뺀다.

❶

```
      37걸음        59걸음
  ┌───────┬───────┬──────────┐
 ㉠       ㉡      ㉢          ㉣
        └ 18걸음 ┘
```

❷ (㉠~㉢)의 걸음 수＋(㉡~㉣)의 걸음 수
  ＝37＋59＝96(걸음)

❸ (㉠~㉣)의 걸음 수＝96－18＝78(걸음)

참고

• 그림으로 알아보기

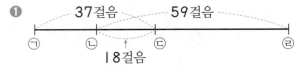

2주 5일 56~57쪽

기출 1

❶ 41   ❷ 41, 39   ❸ 39, 17

답 17개

기출 2

❶ 95, 95, 11

❷ 11, 95－26－11－17, ㉠＝41이다.

❸ 11, 95－17－11－20, ㉡＝47이다.

답 41, 11, 47

기출 1

❷ (노란색 블록의 수)＋2＝(빨간색 블록의 수)

(노란색 블록의 수)＝(빨간색 블록의 수)－2

2주 6일 58~59쪽

융합 3

❶ 14 / 35, 9 / 19, 27

❷ 27, 14, 9, 까치

답 까치

창의 4

❶ 7, 8

❷ 63, 63, 8, 노란

❸ 70, 70, 7, 빨간

답 노란색 버튼, 빨간색 버튼

창의 4

❶ 빨간색 버튼: 24가 31이 되었으므로
  31－24＝7만큼 커진다.
  노란색 버튼: 43이 51이 되었으므로
  51－43＝8만큼 커진다.

참고

버튼을 누르기 전과 후의 수의 차를 구하여 얼마만큼 커지는지 구한다.
➡ (버튼을 누른 후의 수)－(버튼을 누르기 전의 수)

정답과 해설

1 51개	**2** 56 cm
3 5	**4** 반납 도서
5 29	**6** 57
7 16명	**8** 15
9 49	**10** 22걸음

1 ❶ (팔린 참외의 수)=33−15=18(개)
❷ (팔린 사과와 참외의 수의 합)
　　=33+18=51(개)

> 참고
> '더 적게'는 뺄셈으로 계산하고, '~모두 ~인가요?'는
> 덧셈으로 계산한다.

2 ❶ 어제 대나무의 높이를 □ cm라 하면
　　□+36=92이다.
❷ □=92−36, □=56이므로 어제 대나무의
　　높이는 56 cm이다.

3
> 전략
> 먼저 잘못 계산한 식을 이용하여 어떤 수를 구하자.

❶ 어떤 수를 □라 하면 잘못 계산한 식은
　　□+39=83이다.
❷ □=83−39, □=44이므로 (어떤 수)=44
❸ (바르게 계산한 값)=44−39=5

4 ❶ (이틀 동안 대출 도서의 수)
　　=87+65=152(권)
　　(이틀 동안 반납 도서의 수)
　　=94+86=180(권)
❷ 152<180이므로 이틀 동안 더 많은 것은
　　반납 도서이다.

> 참고
> 수의 크기를 비교할 때에는 백의 숫자부터 차례로 비
> 교한다.

5 ❶ 뒤집힌 카드에 적힌 수를 □라 하면
　　43+□=17+55
　　　　　↓
　　　　　72 ➡ 43+□=72
❷ □=72−43, □=29이므로 뒤집힌 카드에
　　적힌 수는 29이다.

6 ❶ 어떤 수를 □라 하면 잘못 계산한 식은
　　□−24=48이다.
❷ □=48+24, □=72이므로 (어떤 수)=72
❸ (어떤 수보다 15만큼 더 작은 수)
　　=72−15=57

7 ❶

전체 76명
바이올린 24명　플루트 36명　피아노를 배우는 학생 수

❷ (피아노를 배우는 학생 수)
　　=76−24−36=16(명)

8 ❶ 뒤집힌 카드에 적힌 수를 □라 하면
　　52−□=63−26
　　　　　↓
　　　　　37 ➡ 52−□=37

> 참고
> 뒤집힌 카드에 적힌 수가 보이는 카드에 적힌 수보다
> 작으므로 빨간색 카드에 적힌 수의 차는 52−□로
> 식을 세운다.

❷ □=52−37, □=15이므로 뒤집힌 카드에
　　적힌 수는 15이다.

9 ❶ 큰 수와 작은 수를 한 가지 기호로 나타내기
　　큰 수를 □라 하면 차가 13이므로 작은 수는
　　(□−13)이다.
❷ 큰 수 구하기
　　두 수의 합이 85이므로 □+□−13=85
　　이다.
　　□+□=85+13, □+□=98이고
　　49+49=98이므로 □=49이다.
　　따라서 정우가 생각한 두 수 중 더 큰 수는 49
　　이다.

> 주의
> 작은 수를 구하지 않도록 주의한다.

10 ❶

56걸음　　34걸음
버스 정류장　　편의점　보건소 지하철역
68걸음

❷ (버스 정류장~보건소)의 걸음 수
　　+(편의점~지하철역)의 걸음 수
　　=56+34=90(걸음)
❸ (편의점~보건소)의 걸음 수
　　=90−68=22(걸음)

3주 곱셈

1 6 ≫ 6, 6

2 24 ≫ 6×4=24, 24

3 35 ≫ 7×5=35, 35

4 30 ≫ 5×6=30, 30개

5 12 ≫ 12, 12개

6 18 ≫ 2×9=18, 18개

7 40 ≫ 8×5=40, 40살

1 참고
2×3을 나타내는 표현
➡ '2씩 3묶음', '2의 3배', '2와 3의 곱'

7 (어머니의 나이)=(경희의 나이)×5
＝8×5＝40(살)

1 6×3=18, 18개

2 4×7=28, 28개

3 9×2=18, 18대

4 7×3=21, 21쪽

5 8×3=24, 24조각

6 6×8=48, 48개

7 2×5=10, 10개

2 (전체 의자 수)
＝(한 테이블에 놓여 있는 의자 수)
×(테이블 수)
＝4×7＝28(개)

5 (전체 피자의 조각 수)
＝(피자 한 판의 조각 수)×(피자 판 수)
＝8×3＝24(조각)

문해력 문제 1

전략 ×, ×

풀이 ❶ 6   ❷ 6, 24

답 24개

1-1 48   1-2 12개   1-3 29개

1-1 ❶ (유진이가 생각하고 있는 수)=2×4=8
❷ (유진이가 생각하고 있는 수를 6배 한 수)
＝8×6＝48

1-2 ❶ (닭장 2곳에 있는 닭의 수)=3×2=6(마리)
❷ (닭장 2곳에 있는 닭의 다리 수)
＝6×2＝12(개)

1-3 ❶ (한 상자에 들어 있는 막대 사탕 수)
＝3×3＝9(개)
❷ (4상자에 들어 있는 막대 사탕 수)
＝9×4＝36(개)
❸ (남은 막대 사탕 수)=36−7=29(개)

문해력 문제 2

전략 ×, ×, ＋

풀이 ❶ 5, 30   ❷ 5, 20   ❸ 30, 20, 50

답 50개

2-1 82개   2-2 1장   2-3 33개

2-1 ❶ (심은 고추 모종 수)=7×6=42(개)
❷ (심은 배추 모종 수)=8×5=40(개)
❸ (심은 고추 모종과 배추 모종 수의 합)
＝42＋40＝82(개)

2-2 ❶ (산 음식물 쓰레기봉투 수)=5×5=25(장)
❷ (산 재활용 쓰레기봉투 수)=4×6=24(장)
❸ 25−24=1(장) 더 많이 샀다.

2-3 ❶ (두발자전거의 바퀴 수)=2×9=18(개)
❷ (세발자전거의 바퀴 수)=3×5=15(개)
❸ (자전거의 바퀴 수)=18＋15=33(개)

3주 2일 74 ~ 75 쪽

문해력 문제 3

[전략] 2, +

[풀기] ❶ 2, 6 ❷ 6, 9

[답] 9개

3-1 12개 **3-2** 26개 **3-3** 27대

3-1 [전략]
구해야 하는 것: 은정이와 지용이가 싸 온 유부초밥
수의 합
먼저 구해야 하는 것: 지용이가 싸 온 유부초밥 수

❶ (지용이가 싸 온 유부초밥 수)
$= 2 \times 5 = 10$(개)

❷ (은정이가 싸 온 유부초밥 수)
$+$(지용이가 싸 온 유부초밥 수)로 구하자.
(은정이와 지용이가 싸 온 유부초밥 수의 합)
$= 2 + 10 = 12$(개)

3-2 [전략]
구해야 하는 것: 그제부터 오늘까지 먹은 호두 수의 합
먼저 구해야 하는 것: 오늘 먹은 호두 수

❶ (오늘 먹은 호두 수)
$= 5 \times 3 = 15$(개)

❷ (그제 먹은 호두 수)$+$(어제 먹은 호두 수)
$+$(오늘 먹은 호두 수)로 구하자.
(그제부터 오늘까지 먹은 호두 수의 합)
$= 6 + 5 + 15 = 26$(개)

[주의]
그제, 어제, 오늘 먹은 호두 수를 모두 더해 답해야 함
에 주의한다.

3-3 [전략]
구해야 하는 것: (킥보드 수)$-$(자전거 수)
먼저 구해야 하는 것: 킥보드 수

❶ (킥보드 수)
$= 9 \times 4 = 36$(대)

❷ (킥보드 수)$-$(자전거 수)
$= 36 - 9 = 27$(대)
➡ 킥보드는 자전거보다 27대 더 많다.

3주 2일 76 ~ 77 쪽

문해력 문제 4

[전략] 6, 9

[풀기] ❶ 6 ❷ 24, 15

[답] 15개

4-1 51개

4-2 45대

4-3 28명

4-1 ❶ (농구공 수)$\times 7$로 구하자.
(탁구공 수)$= 8 \times 7 = 56$(개)

❷ (탁구공 수)-5로 구하자.
(테니스공 수)$= 56 - 5 = 51$(개)

4-2 ❶ 3씩 3번 뛰어 센 수이므로 곱셈으로 구하자.
(팔린 로봇 청소기 수)$= 3 \times 3 = 9$(대)

❷ (로봇 청소기 수)$\times 5$로 구하자.
(팔린 인공 지능 스피커 수)
$= 9 \times 5 = 45$(대)

[참고]
■씩 ●번 뛰어 센 수 ➡ ■$\times$●

4-3 [전략]
피자빵을 먹은 학생 수 ➡ 크림빵을 먹은 학생 수
➡ 세호네 반 학생 수의 순서로 구한다.

❶ (팥빵을 먹은 학생 수)$\times 2$로 구하자.
(피자빵을 먹은 학생 수)
$= 8 \times 2 = 16$(명)

❷ (피자빵을 먹은 학생 수)-12로 구하자.
(크림빵을 먹은 학생 수)
$= 16 - 12 = 4$(명)

❸ (팥빵을 먹은 학생 수)$+$(피자빵을 먹은 학생 수)
$+$(크림빵을 먹은 학생 수)로 구하자.
(세호네 반 학생 수)
$= 8 + 16 + 4 = 28$(명)

[주의]
세호네 반 학생 수에 팥빵을 먹은 학생 수도 포함하
여 계산해야 함에 주의한다.

문해력 문제 5

전략 ×

풀기 ❶ 9, 6   ❷ 6, 54

답 54

5-1 35   **5-2** 6   **5-3** 7

5-1 전략
계산 결과가 가장 클 때의 값:
(가장 큰 수)×(두 번째로 큰 수)

❶ 수의 크기 비교: 7>5>4
❷ 계산 결과가 가장 클 때의 값:
   $7 \times 5 = 35$

참고
· 5 , 4 로 만들 수 있는 곱셈식:
  $5 \times 4 = 20, 4 \times 5 = 20$

· 4 , 7 로 만들 수 있는 곱셈식:
  $4 \times 7 = 28, 7 \times 4 = 28$

5-2 전략
계산 결과가 가장 작을 때의 값:
(가장 작은 수)×(두 번째로 작은 수)

❶ 수의 크기 비교: 2<3<7
❷ 계산 결과가 가장 작을 때의 값:
   $2 \times 3 = 6$

참고
· 3 , 7 로 만들 수 있는 곱셈식:
  $3 \times 7 = 21, 7 \times 3 = 21$

· 2 , 7 로 만들 수 있는 곱셈식:
  $2 \times 7 = 14, 7 \times 2 = 14$

5-3 ❶ 수의 크기 비교: 3<5<8
   ❷ 계산 결과가 가장 작을 때의 값:
      $3 \times 5 = 15$
   ❸ 차: $15 - 8 = 7$

주의
남은 수는 ❷에서 사용한 두 장의 수 카드가 아닌 수 카드의 수임에 주의한다.

문해력 문제 6

전략 ×, ×

풀기 ❶ 4, 8   ❷ 3, 6
❸ 8, >, 6, 흰색에 ○표

답 흰색

6-1 예나

6-2 라면

6-3 성호

6-1 ❶ (한 봉지에 들어 있는 쿠키 수)×(봉지 수)로 구하자.
   (예나가 산 쿠키 수)=$5 \times 3 = 15$(개)
   ❷ (규하가 산 쿠키 수)=$6 \times 2 = 12$(개)
   ❸ 위 ❶과 ❷에서 구한 쿠키 수를 비교하여 더 큰 수를 찾자.
   $15 > 12$이므로 쿠키를 더 많이 산 사람은 예나이다.

6-2 ❶ (한 묶음의 라면 수)×(묶음 수)로 구하자.
   (산 라면 수)=$4 \times 2 = 8$(개)
   ❷ (산 즉석 밥 수)=$3 \times 3 = 9$(개)
   ❸ 위 ❶과 ❷에서 구한 수를 비교하여 더 작은 수를 찾자.
   $8 < 9$이므로 더 적게 산 것은 라면이다.

6-3 전략
각자 먹은 젤리 수를 먼저 구해 남은 젤리 수를 구하자.

❶ (민아가 먹은 젤리 수)
   =$2 \times 7 = 14$(개)
   (민아의 남은 젤리 수)
   =$25 - 14 = 11$(개)
❷ (성호가 먹은 젤리 수)
   =$3 \times 6 = 18$(개)
   (성호의 남은 젤리 수)
   =$30 - 18 = 12$(개)
❸ $11 < 12$이므로 남은 젤리가 더 많은 사람은 성호이다.

주의
각자 남은 젤리 수의 크기를 비교해야 함에 주의한다.

정답과 해설

3주 4일
82~83쪽

문해력 문제 7

풀기 ❶ 21 ❷ 21, 21, 7 / 7

답 7쪽

7-1 6장

7-2 4

7-3 3명

7-1

전략
구하려는 수를 ☐라 하여 곱셈식으로 나타내자.

❶ 1주일에 산 만화 캐릭터 카드 수를 ☐라 하면 ☐×3=18이다.

❷ ☐×3=☐+☐+☐=18이고, 6+6+6=18이므로 ☐=6이다.
➡ 1주일에 산 만화 캐릭터 카드는 6장이다.

참고
☐×3=18은 ☐를 3번 더한 값이 18과 같다.
따라서 같은 수를 3번 더해서 18이 나오려면 ☐는 6이어야 한다.

7-2

전략
어떤 수를 ☐라 하여 곱셈식으로 나타내자.

❶ 어떤 수를 ☐라 하면 ☐×5=20이다.

❷ ☐×5=☐+☐+☐+☐+☐=20이고, 4+4+4+4+4=20이므로 ☐=4이다.
➡ 어떤 수는 4이다.

7-3

전략
나누어 먹을 도넛의 수를 먼저 구하고 나누어 먹을 수 있는 사람 수를 ☐라 하여 곱셈식으로 나타내 구하자.

❶ (도넛의 수)=6×2=12(개)

❷ 먹을 수 있는 사람 수를 ☐라 하면 ☐×4=12이다.

❸ ☐×4=☐+☐+☐+☐=12이고, 3+3+3+3=12이므로 ☐=3이다.
➡ 3명이 먹을 수 있다.

3주 4일
84~85쪽

문해력 문제 8

전략 6, 6

풀기 ❶ 6 ❷ 3, 3

❸ 3, 15

답 15

8-1 28

8-2 8

8-1

전략
9를 넣었더니 ♣배가 되어 36이 나왔다.
9   ×♣   =36

❶ 왼쪽 그림의 식 쓰기: 9×♣=36

❷ 9를 ♣번 더한 수가 36임을 이용해 ♣ 구하기
9+9+9+9=36이므로
9×4=36 ➡ ♣=4이다.

❸ 위 ❷에서 구한 ♣의 값을 이용해 7×♣를 구하기
따라서 상자에 7을 넣으면 7×4=28이 나온다.

8-2

전략
★을 먼저 구한 후 구한 ★을 이용해 ●를 이용한 식을 써서 ●의 값을 구하자.

❶ 왼쪽 그림의 식 쓰기: 4×★=8

❷ 4를 ★번 더한 수가 8임을 이용해 ★ 구하기
4+4=8이므로
4×2=8 ➡ ★=2이다.

❸ ●×2=16에서 ●+●=16이고
8+8=16이므로 ●=8이다.

참고
❸ ★=2이므로 ●×★=16에서 ●×2=16이므로
●=8이다.

3주 5일 86~87쪽

기출 1

❶ 작다에 ◯표

❷ 49, 49, 작다에 ◯표 / 49, 30

❸ 30, 6, 6

답 6

기출 2

❶ 6, 8, 10, 10, 12, 14

❷ 8, 12, 16, 24, 32, 48

❸ 6, 8, 10, 12, 14, 16, 24, 32, 48 ➡ 9개

답 9개

기출 2

> **주의**
> ❶과 ❷에서 구한 결과 중 같은 수는 한 번씩만 세어야 함에 주의한다.

3주 5일 88~89쪽

창의 3

❶ 4, 6

❷ 6 / 4, 6, 24(또는 6, 4, 24)

답 24가지

코딩 4

❶ 6, 6, >

❷ 예에 ◯표

❸ 3, 18

답 18

창의 3

❷ (만들 수 있는 나만의 케이크 가짓수)
  =(빵의 가짓수)×(생크림의 가짓수)
  =4×6=24(가지)

3주 주말TEST 90~93쪽

1 20개	**2** 21마리
3 31개	**4** 48번
5 감	**6** 53개
7 15	**8** 22
9 2개	**10** 6

1 ❶ 2개씩 2줄은 곱셈으로 구하자.
  (한 상자에 들어 있는 지우개의 수)
  =2×2=4(개)

  ❷ (한 상자에 들어 있는 지우개의 수)×(상자 수)로 구하자.
  (5상자에 들어 있는 지우개의 수)
  =4×5=20(개)

2 ❶ (그린 고슴도치 수)=3×6=18(마리)

  ❷ (그린 원숭이와 고슴도치 수의 합)
  =3+18=21(마리)

  > **참고**
  > 문장에 '모두'를 구하라고 쓰여 있으면 ➡ '합'을 구한다.

3 ❶ (배의 수)=6×6=36(개)

  ❷ (사과의 수)=36-5=31(개)

4 ❶ 3씩 2번 뛰어 센 수는 곱셈으로 구하자.
  (뒤로 돌려 뛰기 한 수)=3×2=6(번)

  ❷ (양발 모아 뛰기 한 수)
  =6×8=48(번)

5 ❶ (산 무의 수)=9×3=27(개)

  ❷ (산 감의 수)=8×4=32(개)

  ❸ 위 ❶과 ❷에서 구한 수를 비교하여 더 큰 수를 찾자.
  27<32이므로 더 많이 산 것은 감이다.

6 ❶ (진열된 비빔라면 수)
  =5×5=25(개)

  ❷ (진열된 볶음라면 수)
  =4×7=28(개)

  ❸ (진열된 라면 수)=25+28=53(개)

7 ❶ 왼쪽 그림의 식 쓰기: $2 \times \blacklozenge = 10$

❷ ◆를 구하자.

$2+2+2+2+2=10$이므로

$2 \times 5 = 10 \rightarrow \blacklozenge = 5$이다.

❸ 위 ❷에서 구한 ◆를 이용하여 곱셈식을 쓰자.

따라서 상자에 3을 넣으면 $3 \times 5 = 15$가 나온다.

8 <details>전략</details>

계산 결과가 가장 클 때의 값:
(가장 큰 수)×(두 번째로 큰 수)

❶ 수의 크기 비교: $6 > 4 > 2$

❷ 계산 결과가 가장 클 때의 값:
$6 \times 4 = 24$

❸ 차: $24 - 2 = 22$

<details>참고</details>

· [4] , [2] 로 만들 수 있는 곱셈식:
$4 \times 2 = 8,\ 2 \times 4 = 8$

· [2] , [6] 으로 만들 수 있는 곱셈식:
$2 \times 6 = 12,\ 6 \times 2 = 12$

9 ❶ 한 줄에 심은 방울토마토 모종 수를 □라 하면
$\square \times 6 = 12$이다.

❷ $\square \times 6 = \square+\square+\square+\square+\square+\square = 12$이고, $2+2+2+2+2+2=12$이므로
$\square = 2$이다.

➡ 한 줄에 심은 방울토마토 모종은 2개이다.

<details>참고</details>

$\square \times 6 = 12$는 □를 6번 더한 값이 12와 같다. 따라서 같은 수를 6번 더해서 12가 나오려면 □는 2가 된다.

10 ❶ 5의 ★배가 20이 되는 곱셈식을 쓰자.
왼쪽 그림의 식 쓰기: $5 \times \bigstar = 20$

❷ ★을 구하자.

$5+5+5+5=20$이므로

$5 \times 4 = 20 \rightarrow \bigstar = 4$이다.

❸ 위 ❷에서 구한 ★을 이용하여 ●의 ★배가 24가 되는 곱셈식을 쓰자.

$\bullet \times 4 = 24$에서 $\bullet+\bullet+\bullet+\bullet = 24$이고
$6+6+6+6=24$이므로 $\bullet = 6$이다.

4주 여러 가지 도형 / 길이 재기

4주 <details>준비 학습</details> **96~97쪽**

1 3, 3 » 6개

2 4, 1 / 5 » 5개

3 3 » 삼각형, 3개

4 껌에 ○표 » 껌

5 하늘에 ○표 » 보라

6 12 » 12 cm

1 삼각형의 변과 꼭짓점은 각각 3개이므로 모두 $3+3=6$(개)이다.

<details>참고</details>

●각형 ➡ 변이 ●개, 꼭짓점이 ●개

2 쌓기나무를 1층에 4개, 2층에 1개 쌓았으므로 $4+1=5$(개) 필요하다.

3 점선을 따라 모두 자르면 변이 3개인 도형이 3개 생기므로 삼각형이 3개 생긴다.

4 길이가 짧을수록 잰 횟수가 더 많다.

5 아름이가 어림하여 자른 길이와 3 cm의 차:
$5-3=2$ (cm)
보라가 어림하여 자른 길이와 3 cm의 차:
$3-2=1$ (cm)
➡ 2 cm > 1 cm이므로 보라가 3 cm에 더 가깝게 어림하여 잘랐다.

<details>참고</details>

어림한 길이를 말할 때는 숫자 앞에 약을 붙여서 말한다.

6 체온계의 길이는 약병의 길이로 3번이므로
약 4 cm + 4 cm + 4 cm = 12 cm이다.

4주 준비학습 98~99쪽

1 3+5=8, 8개

2 5개

3 6-3=3, 3개

4 태권도 띠

5 8번

6 4번

7 3번

1

전략
삼각형과 오각형의 꼭짓점 수를 각각 먼저 구하자.

삼각형의 꼭짓점 수: 3개
오각형의 꼭짓점 수: 5개
➡ 합: 3+5=8(개)

2

삼각형: ①, ②, ③, ④, ⑤ ➡ 5개

3 (남는 쌓기나무의 수)
 =(처음에 있던 쌓기나무의 수)
  -(사용한 쌓기나무의 수)
 =6-3=3(개)

4 태권도 띠는 뼘으로 8번, 아빠 허리띠는 뼘으로
7번 잰 길이와 같다.
8>7이므로 태권도 띠의 길이가 더 길다.

주의
같은 길이의 뼘으로 잰 횟수가 많을수록 길이가 더
길다.

5 선크림의 길이를 강낭콩을 이용하여 8번 재었다.

6 4 cm는 1 cm로 4번이다.

7 스마트폰으로 2번 잰 길이는 손톱깎이로 6번 잰
길이와 같다.
따라서 스마트폰의 길이를 손톱깎이로 재면 3번
이다.

4주 1일 100~101쪽

문해력 문제 1

풀이 ❶ 1, 3

❷ 3 / 4, 4, 12

❸ 3, 12, 15

답 15개

1-1 16개 **1-2** 10개 **1-3** 12개

1-1
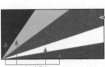
← 사각형
삼각형

❶ 나누어진 도형: 삼각형 4개, 사각형 1개
❷ (삼각형 4개의 꼭짓점 수의 합)
 =3+3+3+3=12(개)
 (사각형 1개의 꼭짓점 수)=4개
❸ (전체 꼭짓점 수의 합)
 =12+4=16(개)

1-2

전략
잘랐을 때 생긴 도형과 각 도형의 수를 먼저 구하자.

❶ 생긴 도형: 삼각형 2개, 사각형 1개
❷ (삼각형 2개의 꼭짓점 수의 합)
 =3+3=6(개)
 (사각형 1개의 꼭짓점 수)=4개
❸ (전체 꼭짓점 수의 합)
 =6+4=10(개)

1-3

❶ 생긴 도형: 삼각형 2개, 육각형 1개
❷ (삼각형 2개의 변의 수의 합)
 =3+3=6(개)
 (육각형 1개의 변의 수)=6개
❸ (전체 변의 수의 합)=6+6=12(개)

정답과 해설

4주 1일 — 102 ~ 103 쪽

문해력 문제 2

풀기 ❶ ③, ④ / 4
　　　②+③, ③+④ / 3
　　　②+③+④ / 2
　　　①+②+③+④ / 1

❷ 10

답 10개

2-1 9개　　**2-2** 8개　　**2-3** 4개

2-1 ❶ 사각형이 되는 경우 각각 세어 보기
작은 사각형 1개짜리: ①, ②, ③, ④ ➡ 4개
작은 사각형 2개짜리:
①+②, ③+④, ①+③, ②+④ ➡ 4개
작은 사각형 3개짜리: 0개
작은 사각형 4개짜리:
①+②+③+④ ➡ 1개
❷ 위 ❶에서 찾은 사각형의 개수 모두 더하기
크고 작은 사각형은 모두
4+4+0+1=9(개)이다.

> **주의**
> 작은 사각형 1개짜리만 찾아서 답하지 않도록 주의한다.

2-2 ❶ 작은 삼각형 1개짜리: ①, ②, ③, ④ ➡ 4개
작은 삼각형 2개짜리:
①+②, ③+④, ①+③, ②+④ ➡ 4개
작은 삼각형 3개짜리: 0개
작은 삼각형 4개짜리: 0개
❷ 크고 작은 삼각형은 모두
4+4+0+0=8(개)이다.

> **주의**
> ①+②+③+④로 된 도형은 삼각형이 아님에 주의한다.

2-3 ❶ 작은 사각형 1개짜리: ② ➡ 1개
작은 사각형 2개짜리: ①+②, ②+④ ➡ 2개
작은 사각형 3개짜리: 0개
작은 사각형 4개짜리: ①+②+③+④ ➡ 1개
❷ 파란색 사각형이 포함된 크고 작은 사각형은
모두 1+2+0+1=4(개)이다.

4주 2일 — 104 ~ 105 쪽

문해력 문제 3

풀기 ❶ 4, 1, 1, 6 / 7, 1, 8

❷ 6, <, 8 / 채원　　**답** 채원

3-1 1동　　**3-2** 서연, 2개　　**3-3** 3개

3-1 ❶ 1동: 4+2=6(개), 2동: 4+1=5(개)
❷ 6>5이므로 1동의 택배 상자가 더 많이 쌓여
있다.

3-2 ❶ 서연: 3+1+1=5(개), 지호: 5+2=7(개)
❷ 5<7이므로 서연이가 7-5=2(개) 더 적게
사용했다.

3-3 ❶ 왼쪽: 6+1+1=8(개)
오른쪽: 4+1=5(개)
❷ (사라진 돌의 수)=8-5=3(개)

4주 2일 — 106 ~ 107 쪽

문해력 문제 4

전략 +

풀기 ❶ 3, 1, 4　　❷ 4, 7　　**답** 7개

4-1 12개　　**4-2** 11개　　**4-3** 유희, 1개

4-1 ❶ (사용한 빈 우유갑의 수)=5+1=6(개)
❷ (처음에 들어 있던 빈 우유갑의 수)
=6+6=12(개)

4-2 ❶ 현서: 5+1=6(개), 세나: 5개
❷ (상자에 들어 있던 쌓기나무의 수)
=6+5=11(개)

4-3 ❶ (서린이가 사용한 쌓기나무의 수)
=5+1+1=7(개)
(유희가 사용한 쌓기나무의 수)=5+1=6(개)
❷ (서린이가 처음에 가지고 있던 쌓기나무의 수)
=7+3=10(개)
(유희가 처음에 가지고 있던 쌓기나무의 수)
=6+5=11(개)
❸ 10<11이므로 유희가 11-10=1(개) 더
많이 가지고 있었다.

정답과 해설

문해력 문제 5

전략 많은에 ○표

풀기 ❶ 짧다에 ○표

❷ 27, 25, 24 / 채아   ❸ 채아

답 채아

5-1 주희   5-2 나   5-3 가위

5-1 ❶ 같은 길이를 잴 때 뼘의 수가 많을수록 한 뼘의 길이가 짧다.
❷ 뼘의 수 비교: 11>9>8
➡ 뼘의 수가 가장 많은 친구: 주희
❸ 한 뼘의 길이가 가장 짧은 친구: 주희

5-2 ❶ 전체 길이가 같을 때 한 차량의 길이가 짧을수록 이루어진 차량의 수가 많다.
❷ 한 차량의 길이 비교: 다>가>나
➡ 한 차량의 길이가 가장 짧은 기차: 나
❸ 가장 많은 차량으로 이루어진 기차: 나

5-3 ❶ 가위로 잰 횟수: $7-2=5$(번)
❷ 잰 횟수 비교: 5<6<7
➡ 잰 횟수가 가장 적은 물건: 가위
❸ 길이가 가장 긴 물건: 가위

문해력 문제 6

풀기 ❶ 3, 6, 2

❷ 아빠

답 아빠

6-1 새아   6-2 17 cm   6-3 연준

6-1 ❶ 하율: $75-70=5$ (cm)
새아: $70-68=2$ (cm)
혜리: $73-70=3$ (cm)
❷ 실제 높이에 가장 가깝게 어림한 사람: 새아

6-2 ❶ 하리가 어림한 물 높이: $15-5=10$ (cm)
❷ 실제 물 높이: $10+7=17$ (cm)

6-3 ❶ 연준이가 어림한 높이: $73+5=78$ (cm)
❷ 은유가 어림한 높이와 실제 높이의 차:
$76-73=3$ (cm)
연준이가 어림한 높이와 실제 높이의 차:
$78-76=2$ (cm)
❸ 실제 높이에 더 가깝게 어림한 사람: 연준

문해력 문제 7

풀기 ❶ 7, 3

❷ 7, 3, 10 / 7, 3, 4

❸ 4

답 4가지

7-1 4 cm, 8 cm, 12 cm, 16 cm

7-2 6가지

7-3 2 cm, 3 cm, 4 cm, 5 cm, 6 cm, 7 cm, 9 cm, 11 cm

7-1 ❶ 물건 1개로 잴 수 있는 길이: 4 cm, 12 cm
❷ 물건 2개로 잴 수 있는 길이:
$4+12=16$ (cm), $12-4=8$ (cm)

7-2 ❶ $2+5=7$ (cm), $5-2=3$ (cm)
❷ $2+6=8$ (cm), $6-2=4$ (cm)
❸ $5+6=11$ (cm), $6-5=1$ (cm)
❹ 잴 수 있는 길이는 모두 6가지이다.

7-3 ❶ 빨대 1개로 잴 수 있는 길이:
2 cm, 4 cm, 7 cm
❷ 2 cm와 4 cm로 잴 수 있는 길이:
$2+4=6$ (cm), $4-2=2$ (cm)
2 cm와 7 cm로 잴 수 있는 길이:
$2+7=9$ (cm), $7-2=5$ (cm)
4 cm와 7 cm로 잴 수 있는 길이:
$4+7=11$ (cm), $7-4=3$ (cm)

주의
2 cm는 빨대 1개로 잴 수도 있고 빨대 2개로 잴 수도 있다. 중복된 길이는 한 번만 답한다.

4주 4일

114 ~ 115 쪽

문해력 문제 8

풀기 ❶ 1 / 2

❷ 6 / 6, 6, 12

답 12 cm

8-1 9 cm

8-2 가위

8-1 ❶ (지우개 5개)+(딱풀 1개)

=(지우개 2개)+(딱풀 2개)·

➡ (지우개 3개)+(딱풀 1개)=(딱풀 2개)

➡ (지우개 3개)=(딱풀 1개)

❷ 주어진 지우개의 길이를 이용해 딱풀의 길이를 구하기

지우개 1개의 길이가 3 cm이므로

(딱풀 1개)=3+3+3=9 (cm)

참고

(지우개)+(지우개)+(지우개)+(지우개)+(지우개)
+(딱풀)
=(지우개)+(지우개)+(딱풀)+(딱풀)

➡ 양쪽에서 같은 수만큼 지우개와 딱풀을 지우면
(지우개)+(지우개)+(지우개)=(딱풀)이 된다.

8-2 ❶ (가위 4개)+(숟가락 2개)

=(가위 2개)+(숟가락 5개)

➡ (가위 2개)+(숟가락 2개)=(숟가락 5개)

➡ (가위 2개)=(숟가락 3개)

❷ 더 긴 것: 가위

주의

가위 2개의 길이가 숟가락 3개의 길이와 같으므로 가위 1개의 길이가 숟가락 1개의 길이보다 더 길다.

참고

(가위)+(가위)+(가위)+(가위)+(숟가락)+(숟가락)
=(가위)+(가위)+(숟가락)+(숟가락)+(숟가락)
+(숟가락)+(숟가락)

➡ 양쪽에서 같은 수만큼 가위와 숟가락을 지우면
(가위)+(가위)=(숟가락)+(숟가락)+(숟가락)이
된다.

4주 5일

116 ~ 117 쪽

기출 **1**

❶ ❷ 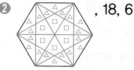, 18, 6

❸ 18, 6, 12

답 12개

기출 **2**

❶ 1 cm, 3 cm, 6 cm

❷ 3+1=4 (cm), 3−1=2 (cm), 6+1=7 (cm),
6−1=5 (cm), 6+3=9 (cm), 6−3=3 (cm)

❸ 10, 8, 4, 2 ❹ 10

답 10가지

기출 **2**

❹ 잴 수 있는 길이는 1 cm, 2 cm, 3 cm, 4 cm,
5 cm, 6 cm, 7 cm, 8 cm, 9 cm, 10 cm
로 모두 10가지이다.

주의

막대 1개, 2개, 3개로 잴 수 있는 길이를 각각 구한 후
같은 길이는 한 번만 세어 잴 수 있는 길이의 가짓수
를 구해야 한다.

4주 5일

118 ~ 119 쪽

융합 **3**

❶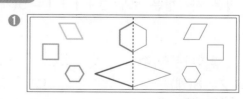

❷ 5, 3   ❸ 사각형, 2

답 사각형, 2개

창의 **4**

❶ 5, 3, 5   ❷ 5, 3, 5, 13

답 13 cm

4주 주말 TEST **120~123쪽**

1 14개	**2** 혜온
3 5개	**4** 10개
5 린주	**6** 10개
7 동생	**8** 4가지
9 28 cm	**10** 쇼핑백

1

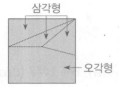

삼각형

오각형

❶ 생긴 도형: 삼각형 3개, 오각형 1개

❷ (삼각형 3개의 변의 수의 합)
= 3+3+3=9(개)
(오각형의 변의 수)=5개

❸ (전체 변의 수의 합)=9+5=14(개)

2 전략
혜온이와 유나가 각자 사용한 쌓기나무의 수를 먼저 구하자.

❶ 혜온: 6+1=7(개)
유나: 3+2+1=6(개)

❷ 7>6
➡ 쌓기나무를 더 많이 사용한 사람: 혜온

3 ❶ 사각형이 되는 경우 각각 세어 보기
작은 사각형 1개짜리: ①, ②, ③ ➡ 3개
작은 사각형 2개짜리: ①+② ➡ 1개
작은 사각형 3개짜리: ①+②+③ ➡ 1개

❷ 위 ❶에서 찾은 사각형의 개수 모두 더하기
크고 작은 사각형은 모두 3+1+1=5(개)
이다.

4 ❶ (사용한 쌓기나무의 수)
= 6+2=8(개)

❷ (사용한 쌓기나무의 수)+(남은 쌓기나무의 수)를 구하자.
(처음에 가지고 있던 쌓기나무의 수)
= 8+2=10(개)

5 ❶ 같은 길이를 잴 때 뼘의 수가 많을수록 한 뼘의 길이가 짧다.

❷ 뼘의 수 비교: 16>15>14
➡ 뼘의 수가 가장 많은 친구: 린주

❸ 한 뼘의 길이가 가장 짧은 친구: 린주

주의
한 뼘의 길이가 짧을수록 잰 횟수가 많다. 잰 횟수가 적은 이수를 한 뼘의 길이가 가장 짧은 친구라고 답 하지 않도록 주의한다.

6 ❶ 앞쪽과 뒤쪽에 각각 쌓을 벽돌의 수 구하기
앞쪽: 4+1=5(개), 뒤쪽: 5개

❷ (준비한 벽돌의 수)
= 5+5=10(개)

7 ❶ 각자 어림한 바비큐의 높이와 실제 높이의 차 구하기
강현: 63-50=13 (cm)
형: 63-55=8 (cm)
동생: 70-63=7 (cm)

❷ 실제 높이에 가장 가깝게 어림한 사람: 동생

참고
어림한 높이와 실제 높이의 차가 작을수록 더 가깝게 어림한 것이다.

8 ❶ 색연필 1자루로 잴 수 있는 길이: 9 cm, 5 cm

❷ 색연필 2자루로 잴 수 있는 길이:
9+5=14 (cm), 9-5=4 (cm)

❸ 잴 수 있는 길이는 모두 4가지이다.

9 ❶ (생수병 2개)+(음료수병 6개)
= (생수병 1개)+(음료수병 8개)
➡ (생수병 1개)+(음료수병 6개)
= (음료수병 8개)
➡ (생수병 1개)=(음료수병 2개)

❷ 음료수병 1개의 길이가 14 cm이므로
(생수병 1개)=14+14=28 (cm)

10 ❶ (쇼핑백 5개)+(물티슈 1개)
= (쇼핑백 2개)+(물티슈 6개)
➡ (쇼핑백 3개)+(물티슈 1개)=(물티슈 6개)
➡ (쇼핑백 3개)=(물티슈 5개)

❷ 더 긴 것: 쇼핑백

참고
쇼핑백 3개의 길이가 물티슈 5개의 길이와 같으므로 쇼핑백 1개의 길이가 물티슈 1개의 길이보다 더 길다.

1주 세 자리 수

1주 1일 복습 1~2쪽

1 3개	**2** 15개, 10개
3 180	**4** 932원
5 389자루	**6** 267송이

1 ❶ 100은 97보다 3만큼 더 큰 수이다.
　❷ 더 주워야 하는 밤은 3개이다.

2 ❶ 100은 85보다 15만큼 더 큰 수이다.
　　➡ 정아가 더 접어야 하는 종이학은 15개이다.
　❷ 100은 90보다 10만큼 더 큰 수이다.
　　➡ 혜미가 더 접어야 하는 종이학은 10개이다.

3 ❶ 지아가 생각한 수 구하기
　　100은 80보다 20만큼 더 큰 수이므로 지아
　　가 생각한 수는 80이다.
　❷ 지아가 생각한 수보다 100만큼 더 큰 수 구하기
　　80보다 100만큼 더 큰 수는 180이다.

4 ❶ 10원짜리 동전 13개는 100원짜리 동전 1개,
　　10원짜리 동전 3개와 같다.
　❷ 준서가 가지고 있는 돈은 100원짜리 동전
　　8+1=9(개), 10원짜리 동전 3개, 1원짜리
　　동전 2개와 같다.
　　➡ 준서가 가지고 있는 돈은 932원이다.

5 ❶ 낱개로 19자루는 10자루씩 1묶음, 낱개로
　　9자루와 같다.
　❷ 볼펜은 100자루씩 3상자, 10자루씩
　　7+1=8(묶음), 낱개로 9자루와 같다.
　　➡ 볼펜은 모두 389자루이다.

6 ❶ 남은 장미는 100송이씩 2묶음, 10송이씩
　　5묶음, 낱개로 17송이이다.
　❷ 낱개로 17송이는 10송이씩 1묶음, 낱개로
　　7송이와 같다.
　❸ 남은 장미는 100송이씩 2묶음, 10송이씩
　　5+1=6(묶음), 낱개로 7송이와 같다.
　　➡ 남은 장미는 267송이이다.

1주 2일 복습 3~4쪽

1 305	**2** 926
3 206	**4** 755
5 409, 419, 429, 439	
6 204, 213, 231, 240	

1 ❶ 수의 크기 비교하기: 0<3<5<8
　❷ 가장 작은 수의 백의 자리 숫자: 3
　　➡ 가장 작은 세 자리 수: 305

> **주의**
> 숫자 0은 백의 자리에 올 수 없으므로 두 번째로 작은
> 수를 백의 자리에 쓴다.
> 　035(×)　　　　305(○)
> 　└세 자리 수가 아니다.

2 ❶ 수의 크기 비교하기: 9>6>4>2
　❷ 십의 자리 숫자가 2인 가장 큰 세 자리 수: 926

3 ❶ 수의 크기 비교하기: 0<2<3<6<7
　❷ 가장 작은 세 자리 수: 203
　❸ 두 번째로 작은 세 자리 수: 206
　　➡ 지수의 자물쇠 비밀번호: 206

4
> **전략**
> 백의 자리 숫자를 먼저 구하고 746보다 크고 760보
> 다 작은 수 중에서 십의 자리 숫자와 일의 자리 숫자
> 가 같은 수를 구한다.

　❶ 백의 자리 숫자: 7
　❷ 조건을 만족하는 세 자리 수: 755
　❸ 현서가 가지고 있는 입장권에 적힌 수: 755

5 ❶ 백의 자리 숫자: 4
　❷ 십의 자리 숫자가 될 수 있는 수: 0, 1, 2, 3
　❸ 조건을 만족하는 세 자리 수: 409, 419,
　　429, 439

6 ❶ 백의 자리 숫자: 2
　❷ 각 자리 숫자의 합이 6인 세 자리 수: 204,
　　213, 222, 231, 240
　❸ 위 ❷에서 구한 수 중 각 자리 숫자가 모두 서
　　로 다른 수는 204, 213, 231, 240이다.

정답과 해설

1주 3일 복습 5~6쪽

1	노란색	2	플라스틱
3	상현	4	2가지
5	5가지	6	17개

1 ❶ 258<327<354이므로 가장 작은 수는 258이다.
❷ 가장 적게 사용한 풍선은 노란색이다.

2 ❶ 280>262>243이므로 가장 큰 수는 280이다.
❷ 가장 많이 모은 재활용 쓰레기 종류는 플라스틱이다.

3 ❶ 백의 자리 숫자가 4인 상현이와 지한이의 구슬의 수의 십의 자리 숫자를 비교하면 7>1이므로 가장 큰 수는 47■이다.
❷ 구슬을 가장 많이 모은 사람은 상현이다.

4 ❶ 750원 만들기

	500원	100원	50원
방법 1	1개	2개	1개
방법 2	1개	1개	3개

❷ 공책 값을 낼 수 있는 방법: 2가지

5 ❶ 210원 만들기

	100원	50원	10원
방법 1	2개	0개	1개
방법 2	1개	2개	1개
방법 3	1개	1개	6개
방법 4	0개	4개	1개
방법 5	0개	3개	6개

❷ 지우개 값을 낼 수 있는 방법: 5가지

6 ❶ 사용한 동전 수가 가장 많으려면 100원, 50원짜리 동전은 가장 적게, 10원짜리 동전은 가장 많게 사용해야 한다.
❷ 100원짜리 동전 1개, 50원짜리 동전 1개를 사용할 때 10원짜리 동전은 15개를 사용하게 된다. 따라서 사용한 동전 수가 가장 많을 때의 동전은 1+1+15=17(개)이다.

1주 4일 복습 7~8쪽

1	540개	2	210
3	480	4	5개
5	5가지	6	750원

1 ❶ 140-240-340-440-540
❷ 혜성이네 가족이 캐는 고구마 수: 540개

2 ❶ 710-610-510-410-310-210
❷ 5개월 전의 비밀번호: 210

3 ❶ 현서는 50씩 뛰어 세기 하였다.
❷ 280-330-380-430-<u>480</u>
➡ ㉠=480

4 ❶

백 모형	십 모형	일 모형		세 자리 수
2개	1개	0개	➡	210
2개	0개	1개	➡	201
1개	2개	0개	➡	120
1개	1개	1개	➡	111
1개	0개	2개	➡	102

❷ 나타낼 수 있는 세 자리 수: 5개

5 ❶

100원	10원	1원		금액
3개	1개	0개	➡	310원
3개	0개	1개	➡	301원
2개	1개	1개	➡	211원
2개	0개	2개	➡	202원
1개	1개	2개	➡	112원

❷ 만들 수 있는 금액: 5가지

6 ❶

500원	100원	50원		금액
1개	3개	0개	➡	800원
1개	2개	1개	➡	750원
0개	4개	0개	➡	400원
0개	3개	1개	➡	350원

❷ 위 ❶에서 구한 금액 중에서 600원과 800원 사이의 금액은 750원이므로 색연필 한 자루는 750원이다.

1 18개   **2** 15개

3 풀이 참고, 10개

1 ❶ 100원짜리 동전 4개는 400원이므로 10원짜리 동전으로 140원을 가지고 있다.

❷ 140원은 10원짜리 동전으로 14개이다.

❸ (준서가 가지고 있는 동전 수)
$$=4+14=18(개)$$

2 ❶ 100포인트를 주는 물건 3개, 1포인트를 주는 물건 2개는 302포인트이므로 10포인트를 주는 물건을 사고 받은 포인트는 100포인트이다.

❷ 100포인트는 10포인트를 주는 물건 10개를 사고 받은 것이다.

❸ (미나가 산 물건 수)$=3+10+2=15(개)$

3
> **전략**
> 첫 번째 조건을 이용하여 백의 자리 숫자가 될 수 있는 수를 구하고, 각각의 경우에서 두 번째 조건을 만족하는 수를 구한다.

❶ 백의 자리 숫자는 0이 될 수 없고, 4이거나 4보다 작은 수이므로 1, 2, 3, 4이다.

❷ • 백의 자리 숫자가 1인 경우:
  십의 자리 숫자는 3이고, 일의 자리 숫자는 0이다.
  → 세 자리 수: 130

• 백의 자리 숫자가 2인 경우:
  십의 자리 숫자는 2이고, 일의 자리 숫자는 0, 1이 될 수 있다.
  → 세 자리 수: 220, 221

• 백의 자리 숫자가 3인 경우:
  십의 자리 숫자는 1이고, 일의 자리 숫자는 0, 1, 2가 될 수 있다.
  → 세 자리 수: 310, 311, 312

• 백의 자리 숫자가 4인 경우:
  십의 자리 숫자는 0이고, 일의 자리 숫자는 0, 1, 2, 3이 될 수 있다.
  → 세 자리 수: 400, 401, 402, 403

❸ $1+2+3+4=10(개)$

1 41개   **2** 90개

3 윤후   **4** 16명

5 72대   **6** 71개

1 ❶ (넣은 검은콩의 수)
$$=25-9=16(개)$$

❷ (넣은 콩의 수의 합)
$$=25+16=41(개)$$

2 ❶ (치즈 머핀의 수)
$$=36+18=54(개)$$

❷ (초콜릿 머핀과 치즈 머핀의 수의 합)
$$=36+54=90(개)$$

3 ❶ (준현이가 오늘 넘은 줄넘기 횟수)
$$=28+17=45(번)$$

❷ (준현이가 어제와 오늘 넘은 줄넘기 횟수의 합)
$$=28+45=73(번)$$

❸ 73<75이므로 이틀 동안 줄넘기를 더 많이 넘은 사람은 윤후이다.

4 ❶ 회전목마에 줄을 선 사람 수를 □명이라 하면
□+26=42이다.

❷ □=42−26, □=16이므로 회전목마에 줄을 선 사람은 16명이다.

5 ❶ 2인용 자전거의 수를 □대라 하면
□−17=55이다.

❷ □=55+17, □=72이므로 2인용 자전거의 수는 72대이다.

6 ❶ 캔 소라의 수를 □개라 하면
□+33=52이다.

❷ □=52−33, □=19이므로 캔 소라의 수는 19개이다.

❸ (캔 맛조개와 소라 수의 합)
$$=52+19=71(개)$$

정답과 해설

1 24	**2** 98
3 14	**4** 18
5 81	**6** 90

1 ❶ 어떤 수를 □라 하면 잘못 계산한 식은
　　□+29=82이다.
　❷ □=82-29, □=53이므로 (어떤 수)=53
　❸ (바르게 계산한 값)=53-29=24

2 ❶ 어떤 수를 □라 하면 잘못 계산한 식은
　　□-39=27이다.
　❷ □=27+39, □=66이므로 (어떤 수)=66
　❸ (어떤 수보다 32만큼 더 큰 수)
　　=66+32=98

3 ❶ 어떤 수를 □라 하면 잘못 계산한 식은
　　□+34=91이다.
　❷ □=91-34, □=57이므로 (어떤 수)=57
　❸ (바르게 계산한 값)=57-43=14

4 ❶ 뒤집힌 카드에 적힌 수를 □라 하면
　　37+□=29+26
　　　　　　55 ➡ 37+□=55
　❷ □=55-37, □=18이므로 뒤집힌 카드에
　　적힌 수는 18이다.

5 ❶ 뒤집힌 카드에 적힌 수를 □라 하면
　　□-65=71-55
　　　　　　16 ➡ □-65=16
　❷ □=16+65, □=81이므로 뒤집힌 카드에
　　적힌 수는 81이다.

6 ❶ 뒤집힌 카드에 적힌 수를 □라 하면
　　52-□=43-29
　　　　　　14 ➡ 52-□=14
　❷ □=52-14, □=38이므로 뒤집힌 카드에
　　적힌 수는 38이다.
　❸ (초록색 카드에 적힌 두 수의 합)
　　=52+38=90

1 햄버거	**2** 가 선수, 5개	
3 17	**4** 49	**5** 50

1 ❶ (햄버거를 좋아하는 학생 수)
　　=76+85=161(명)
　　(피자를 좋아하는 학생 수)
　　=81+79=160(명)
　❷ 161>160이므로 학생들이 더 좋아하는 음
　　식은 햄버거이다.

2 ❶ (가 선수가 2년 동안 친 홈런 수)
　　=35+26=61(개)
　　(나 선수가 2년 동안 친 홈런 수)
　　=29+27=56(개)
　❷ 61>56이므로 가 선수가 2년 동안 홈런을
　　61-56=5(개) 더 많이 쳤다.

3 ❶ 작은 수를 □라 하면 차는 9이므로
　　큰 수는 (□+9)이다.
　❷ 두 수의 합이 43이므로 □+□+9=43이다.
　　➡ □+□=43-9, □+□=34이고
　　　17+17=34이므로 □=17이다.
　　따라서 두 사람이 뽑은 행운권에 쓰여 있는 수
　　중 더 작은 수는 17이다.

4 ❶ 큰 수를 □라 하면 차가 35이므로 작은 수는
　　(□-35)이다.
　❷ 두 수의 합이 63이므로 □+□-35=63이다.
　　➡ □+□=63+35, □+□=98이고
　　　49+49=98이므로 □=49이다.
　　따라서 두 수 중 더 큰 수는 49이다.

5 ❶ 가장 큰 수와 둘째로 큰 수의 차가 15이고, 둘
　　째로 큰 수와 가장 작은 수의 차가 18이므로
　　가장 큰 수와 가장 작은 수의 차는 33이다.
　❷ 가장 큰 수를 □라 하면 가장 큰 수와 가장 작
　　은 수의 차가 33이므로 가장 작은 수는
　　(□-33)이다.
　❸ 가장 큰 수와 가장 작은 수의 합이 67이므로
　　□+□-33=67이다.
　　➡ □+□=67+33, □+□=100이고
　　　50+50=100이므로 □=50이다.
　　따라서 가장 큰 수는 50이다.

2주 4일 복습 17~18쪽

1 27장	**2** 22개	**3** 14개
4 19걸음	**5** 71걸음	

1 ❶
전체 77장

지혜에게 준 캐릭터 카드 수 ‖ 윤도 29장 ‖ 남은 캐릭터 카드 21장

❷ (지혜에게 준 캐릭터 카드 수)
$=77-29-21=27$(장)

2 ❶
전체 93개

점심을 먹기 전 두 사람이 만든 송편 수 ‖ 수혁 42개 ‖ 다솜 29개

❷ (점심을 먹기 전 두 사람이 만든 송편 수)
$=93-42-29=22$(개)

3 ❶
전체 96개

딸기주스 38개 ‖ 키위주스 29개 ‖ 수박주스 15개 ‖ 사과주스 수

❷ (진열대에 놓여 있는 사과주스 수)
$=96-38-29-15=14$(개)

4 ❶
45걸음   46걸음
집 ‖ 문구점 ‖ 병원 ‖ 은행
72걸음

❷ (집~병원)+(문구점~은행)
$=45+46=91$(걸음)

❸ (문구점~병원)$=91-72=19$(걸음)

5 ❶
48걸음   39걸음
㉠ ‖ ㉡ ‖ ㉢ ‖ ㉣
16걸음

❷ (㉠~㉢)+(㉡~㉣)$=48+39=87$(걸음)

❸ (㉠~㉣)$=87-16=71$(걸음)

2주 5일 복습 19~20쪽

1 18개	**2** 37개
3 39, 10, 45	**4** 90

1 ❶ (원 모양 단추의 수)$=27+15=42$(개)
❷ (삼각형 모양 단추의 수)$+5$
$=$(원 모양 단추의 수)이므로
(삼각형 모양 단추의 수)
$=42-5=37$(개)
❸ (구멍이 4개인 삼각형 모양 단추의 수)
$=37-19=18$(개)

2 ❶ (구멍이 2개인 단추의 수)
$=27+19+15=61$(개)
❷ (구멍이 4개인 단추의 수)-9
$=$(구멍이 2개인 단추의 수)이므로
(구멍이 4개인 단추의 수)
$=61+9=70$(개)
❸ (구멍이 4개인 사각형 모양 단추의 수)
$=70-15-18=37$(개)

3 ❶ 원 가: $16+㉠+11+17=83$이므로
$㉠=83-16-11-17$, $㉠=39$이다.
❷ 원 나: $㉠=39$이므로
$39+23+㉡+11=83$이므로
$㉡=83-39-23-11$, $㉡=10$이다.
❸ 원 다: $㉡=10$이므로
$17+11+10+㉢=83$이므로
$㉢=83-17-11-10$, $㉢=45$이다.

4 ❶ 원 나: $24+㉡+27+34=92$이므로
$㉡=92-24-27-34$, $㉡=7$이다.
❷ 원 가: $㉡=7$이므로
$㉠+18+7+24=92$이므로
$㉠=92-18-7-24$, $㉠=43$이다.
❸ 원 다: $㉡=7$이므로
$7+18+㉢+27=92$이므로
$㉢=92-7-18-27$, $㉢=40$이다.
❹ $㉠+㉡+㉢=43+7+40=90$이다.

정답과 해설

3주 1일 복습 21~22 쪽

1 32	**2** 18개
3 7개	**4** 32개
5 4개	**6** 41개

1 ❶ (윤우가 생각하고 있는 수)
   =2×2=4
   ❷ (8배 한 수)
   =4×8=32

2 ❶ (자전거 보관소 2곳에 있는 세발자전거의 수)
   =3×2=6(대)
   ❷ (자전거 보관소 2곳에 있는 세발자전거의 바퀴 수)
   =6×3=18(개)

3 ❶ (한 상자에 들어 있는 마카롱 수)
   =3×3=9(개)
   ❷ (3상자에 들어 있는 마카롱 수)
   =9×3=27(개)
   ❸ (남은 마카롱 수)=27−20=7(개)

4 ❶ (냉장고에 놓여 있는 초코 우유 수)
   =5×4=20(개)
   ❷ (냉장고에 놓여 있는 딸기 우유 수)
   =6×2=12(개)
   ❸ (냉장고에 놓여 있는 초코 우유와 딸기 우유 수의 합)=20+12=32(개)

5 ❶ (산 키위 수)=8×5=40(개)
   ❷ (산 망고 수)=9×4=36(개)
   ❸ 40−36=4(개) 더 적게 샀다.

6 ❶ (단추가 2개인 옷의 단추 수)
   =2×7=14(개)
   ❷ (단추가 3개인 옷의 단추 수)
   =3×9=27(개)
   ❸ (옷장에 있는 옷의 단추 수)
   =14+27=41(개)

3주 2일 복습 23~24 쪽

1 32송이	**2** 9권
3 21장	**4** 17권
5 36살	**6** 17개

1 ❶ 흰색 장미 수 구하기
   (흰색 장미 수)=6×3=18(송이)
   ❷ 꽃다발에 있는 장미 수 구하기
   (꽃다발에 있는 장미 수의 합)
   =8+6+18=32(송이)

   참고
   ▲의 ■배 ➔ ▲ × ■

2 ❶ (위인전 수)=3×4=12(권)
   ❷ (위인전 수)−(동화책 수)
   =12−3=9(권)
   ➔ 위인전은 동화책보다 9권 더 많다.

3 ❶ (보라색 색종이 수)=7×2=14(장)
   ❷ (주황색 색종이 수)=7×5=35(장)
   ❸ (주황색 색종이 수)−(보라색 색종이 수)
   =35−14=21(장)
   ➔ 주황색 색종이는 보라색 색종이보다 21장 더 많이 샀다.

4 전략
   효원이가 읽은 책 수를 먼저 구하자.

   ❶ (효원이가 읽은 책 수)=5×3=15(권)
   ❷ (민성이가 읽은 책 수)=15+2=17(권)

5 ❶ (진영이의 나이)=2×3=6(살)
   ❷ (아버지의 나이)=6×6=36(살)

   참고
   ●씩 ◆번 뛰어 센 수 ➔ ● × ◆

6 ❶ (딴 은메달 수)=4×2=8(개)
   ❷ (딴 금메달 수)=8−3=5(개)
   ❸ (우리나라 선수가 딴 메달 수)
   =4+8+5=17(개)

정답과 해설

1 40	**2** 24
3 25	**4** 초코칩 쿠키
5 참치 통조림	**6** 태희

1 ❶ 수의 크기 비교: 8>5>3
  ❷ 계산 결과가 가장 클 때의 값: 8×5=40

2 ❶ 수의 크기 비교: 4<6<9
  ❷ 계산 결과가 가장 작을 때의 값: 4×6=24

3 ❶ 수의 크기 비교: 3<6<7
  ❷ 계산 결과가 가장 작을 때의 값: 3×6=18
  ❸ 합: 18+7=25

4 ❶ (구운 아몬드 쿠키 수)=4×4=16(개)
  ❷ (구운 초코칩 쿠키 수)=8×3=24(개)
  ❸ 16<24이므로 더 많이 구운 쿠키는 초코칩 쿠키이다.

5 ❶ (참치 통조림 수)=5×4=20(개)
  ❷ (골뱅이 통조림 수)=4×8=32(개)
  ❸ 20<32이므로 더 적게 있는 것은 참치 통조림이다.

> **참고**
> ■씩 ▲묶음 ➡ ■×▲

6 ❶ (태희가 사용한 붙임딱지 수)
    =2×5=10(장)
    (태희의 남은 붙임딱지 수)
    =40-10=30(장)
  ❷ (상진이가 사용한 붙임딱지 수)
    =7×2=14(장)
    (상진이의 남은 붙임딱지 수)
    =45-14=31(장)
  ❸ 30<31이므로 남은 붙임딱지가 더 적은 사람은 태희이다.

1 7	**2** 6개
3 12	**4** 24
5 9	

1 ❶ 어떤 수를 □라 하면 □×3=21이다.
  ❷ □×3=□+□+□=21이고,
    7+7+7=21이므로 □=7이다.
  ➡ 어떤 수는 7이다.

2 ❶ (귤의 수)=4×9=36(개)
  ❷ 접시 수를 □라 하면 □×6=36이다.
  ❸ □×6=□+□+□+□+□+□=36이고, 6+6+6+6+6+6=36이므로 □=6이다.
  ➡ 접시는 6개 필요하다.

3 ❶ 어떤 수를 □라 하여 잘못 계산한 식을 나타내면 □×5=15이다.
  ❷ □×5=□+□+□+□+□=15이고,
    3+3+3+3+3=15이므로 □=3이다.
  ❸ 바르게 계산한 값: 3×4=12

4 ❶ 왼쪽 그림의 식 쓰기: 6×♣=18
  ❷ 6+6+6=18이므로
    6×3=18 ➡ ♣=3이다.
  ❸ 따라서 상자에 8을 넣으면 8×3=24가 나온다.

5 ❶ 왼쪽 그림의 식 쓰기: 5×★=25
  ❷ 5+5+5+5+5=25이므로
    5×5=25 ➡ ★=5이다.
  ❸ ●×5=45에서 ●+●+●+●+●=45이고 9+9+9+9+9=45이므로 ●=9이다.

3주 5일 복습　29~30쪽

1 9	**2** 15
3 11개	**4** 10개

1 ❶ 7×■보다 15만큼 더 작은 수가 8×6이므로 7×■는 8×6보다 15만큼 더 크다.

❷ 8×6=48이므로 7×■는 48보다 15만큼 더 크다.

식: 7×■=48+15 ➡ 7×■=63

❸ 7+7+7+7+7+7+7+7+7=63이므로 7×9=63 ➡ ■=9이다.

> **참고**
> '★은 ♥보다 ▲만큼 더 작다.'는
> '♥는 ★보다 ▲만큼 더 크다.'로 문장을 바꾸어 나타낼 수 있다.

2 ❶ 8×■보다 14만큼 더 큰 수가 6×9이므로 8×■는 6×9보다 14만큼 더 작다.

❷ 6×9=54이므로 8×■는 54보다 14만큼 더 작다.

식: 8×■=54−14 ➡ 8×■=40

❸ 8+8+8+8+8=40이므로 8×5=40 ➡ ■=5이다.

❹ ■=5이므로 ■에 3배 한 수는 ■×3=5×3=15이다.

3 ❶ 서로 다른 두 수의 합을 구하기

3+5=8, 3+7=10, 3+9=12, 5+7=12, 5+9=14, 7+9=16

❷ 서로 다른 두 수의 곱을 구하기

3×5=15, 3×7=21, 3×9=27, 5×7=35, 5×9=45, 7×9=63

❸ 만들 수 있는 서로 다른 수를 모두 써서 개수 세기

서로 다른 수: 8, 10, 12, 14, 15, 16, 21, 27, 35, 45, 63 ➡ 11개

4 ❶ 2+4=6, 2+5=7, 2+6=8, 4+5=9, 4+6=10, 5+6=11

❷ 2×4=8, 2×5=10, 2×6=12, 4×5=20, 4×6=24, 5×6=30

❸ 서로 다른 수: 6, 7, 8, 9, 10, 11, 12, 20, 24, 30 ➡ 10개

4주　여러 가지 도형 / 길이 재기

4주 1일 복습　31~32쪽

1 9개	**2** 10개
3 11개	**4** 6개
5 5개	**6** 4개

1 ❶ 생긴 도형: 삼각형 3개

❷ (삼각형 3개의 변의 수의 합)=3+3+3=9(개)

2

 ➡

❶ 생긴 도형: 삼각형 2개, 사각형 1개

❷ (삼각형 2개의 변의 수의 합)=3+3=6(개)
(사각형 1개의 변의 수)=4개

❸ (전체 변의 수의 합)=6+4=10(개)

3

❶ 생긴 도형: 삼각형 2개, 오각형 1개

❷ (삼각형 2개의 꼭짓점 수의 합)=3+3=6(개)
(오각형 1개의 꼭짓점 수)=5개

❸ (전체 꼭짓점 수의 합)=6+5=11(개)

4 ❶ 작은 삼각형 1개짜리: ①, ②, ③ ➡ 3개
작은 삼각형 2개짜리: ①+②, ②+③ ➡ 2개
작은 삼각형 3개짜리: ①+②+③ ➡ 1개

❷ 크고 작은 삼각형은 모두 3+2+1=6(개)이다.

5 ❶ 작은 사각형 1개짜리: ①, ②, ③ ➡ 3개
작은 사각형 2개짜리: ②+③ ➡ 1개
작은 사각형 3개짜리: ①+②+③ ➡ 1개

❷ 크고 작은 사각형은 모두 3+1+1=5(개)이다.

6 ❶ 크고 작은 사각형 중에서 ★ 모양이 그려진 칸이 포함된 경우 각각 세어 보기

작은 도형 1개짜리: ① ➡ 1개
작은 도형 2개짜리: ①+②, ①+③ ➡ 2개
작은 도형 3개짜리: 0개
작은 도형 4개짜리: ①+②+③+④ ➡ 1개

❷ ★ 모양이 그려진 칸이 포함된 크고 작은 사각형은 모두 1+2+0+1=4(개)이다.

정답과 해설

1 주혁	**2** 리안, 1개
3 2개	**4** 8개
5 8개	**6** 유미, 2개

1 ❶ 주혁: $6+1=7$(개)
　　동욱: $4+1=5$(개)
　❷ $7>5$이므로 주혁이가 쌓기나무를 더 많이 사용했다.

2 ❶ 예빈: $5+1=6$(개)
　　리안: $3+1+1=5$(개)
　❷ $6>5$이므로 리안이가 쌓기나무를
　　$6-5=1$(개) 더 적게 사용했다.

3 ❶ 왼쪽: $7+2=9$(개)
　　오른쪽: $9+2=11$(개)
　❷ (더 쌓은 쌓기나무의 수)$=11-9=2$(개)

4 ❶ (오른쪽 모양을 쌓는 데 사용한 상자의 수)
　　$=4+1=5$(개)
　❷ (지아가 만든 상자의 수)$=5+3=8$(개)

5 ❶ 지혜: 5개, 연아: $2+1=3$(개)
　❷ (상자에 들어 있던 쌓기나무의 수)
　　$=5+3=8$(개)

6 ❶ (유미가 사용한 쌓기나무의 수)
　　$=4+1=5$(개)
　　(서윤이가 사용한 쌓기나무의 수)
　　$=3+1=4$(개)
　❷ (유미가 처음에 가지고 있던 쌓기나무의 수)
　　$=5+3=8$(개)
　　(서윤이가 처음에 가지고 있던 쌓기나무의 수)
　　$=4+2=6$(개)
　❸ $8>6$이므로 유미가 $8-6=2$(개) 더 많이
　　가지고 있었다.

> **주의**
> 유미와 서윤이가 사용한 쌓기나무의 수를 비교하여
> 답하지 않도록 주의한다.

1 지수	**2** 가
3 풀	**4** 시환
5 89 cm	**6** 하린

1 ❶ 같은 길이를 잴 때 뼘의 수가 적을수록 한 뼘의
　　길이가 길다.
　❷ 뼘의 수 비교: $8<10<12$
　　➡ 뼘의 수가 가장 적은 친구: 지수
　❸ 한 뼘의 길이가 가장 긴 친구: 지수

2 ❶ 칠판 긴 쪽의 길이를 잴 때 막대 한 개의 길이
　　가 길수록 사용하는 막대의 수가 적다.
　❷ 막대 한 개의 길이 비교: 가>다>나
　　➡ 막대 한 개의 길이가 가장 긴 것: 가
　❸ 사용하는 막대의 수가 가장 적은 것: 가

3 ❶ 분필로 잰 횟수: $7+3=10$(번)
　❷ 잰 횟수 비교: $7<9<10$
　　➡ 잰 횟수가 가장 적은 물건: 풀
　❸ 길이가 가장 긴 물건: 풀

4 ❶ 주아: $80-76=4$ (cm)
　　시환: $76-73=3$ (cm)
　　예서: $76-70=6$ (cm)
　❷ 실제 길이에 가장 가깝게 어림한 사람: 시환

> **참고**
> 어림한 길이와 실제 길이의 차가 작을수록 가깝게 어
> 림한 것이다.

5 ❶ 태린이가 어림한 해바라기의 키:
　　$80+4=84$ (cm)
　❷ 실제 해바라기의 키: $84+5=89$ (cm)

6 ❶ 하린이가 어림한 길이: $45+3=48$ (cm)
　❷ 은지가 어림한 길이와 실제 길이의 차:
　　$47-45=2$ (cm)
　　하린이가 어림한 길이와 실제 길이의 차:
　　$48-47=1$ (cm)
　❸ 실제 길이에 더 가깝게 어림한 사람: 하린

정답과 해설

4주 4일 복습 37~38 쪽

> **1** 3 cm, 6 cm, 9 cm
> **2** 6가지
> **3** 1 cm, 2 cm, 3 cm, 4 cm, 5 cm, 6 cm,
>   7 cm, 8 cm, 11 cm
> **4** 6 cm   **5** 볼펜

1 ❶ 막대 1개로 잴 수 있는 길이: 3 cm, 6 cm
  ❷ 막대 2개로 잴 수 있는 길이: 3+6=9 (cm),
   6−3=3 (cm)

2 ❶ 4 cm와 5 cm로 잴 수 있는 길이:
   4+5=9 (cm), 5−4=1 (cm)
  ❷ 4 cm와 10 cm로 잴 수 있는 길이:
   4+10=14 (cm), 10−4=6 (cm)
  ❸ 5 cm와 10 cm로 잴 수 있는 길이:
   5+10=15 (cm), 10−5=5 (cm)
  ❹ 잴 수 있는 길이는 모두 6가지이다.

3 ❶ 막대 1개로 잴 수 있는 길이: 2 cm, 5 cm, 6 cm
  ❷ 2 cm와 5 cm로 잴 수 있는 길이:
   2+5=7 (cm), 5−2=3 (cm)
   2 cm와 6 cm로 잴 수 있는 길이:
   2+6=8 (cm), 6−2=4 (cm)
   5 cm와 6 cm로 잴 수 있는 길이:
   5+6=11 (cm), 6−5=1 (cm)

4 ❶ 문제의 조건을 식으로 쓰고 양쪽에서 같은 수만큼
   초코바를 뺀 후, 같은 수만큼 사탕을 빼기
   (초코바 3개)+(사탕 2개)
   =(초코바 2개)+(사탕 4개)
   ➡ (초코바 1개)+(사탕 2개)=(사탕 4개)
   ➡ (초코바 1개)=(사탕 2개)
  ❷ 사탕 1개의 길이가 3 cm이므로
   (초코바 1개)=3+3=6 (cm)

5 ❶ 문제의 조건을 식으로 쓰고 양쪽에서 같은 수만큼
   연필을 뺀 후, 같은 수만큼 볼펜을 빼기
   (연필 5자루)+(볼펜 5자루)
   =(연필 2자루)+(볼펜 9자루)
   ➡ (연필 3자루)+(볼펜 5자루)=(볼펜 9자루)
   ➡ (연필 3자루)=(볼펜 4자루)
  ❷ 더 짧은 것: 볼펜

4주 5일 복습 39~40 쪽

> **1** 30개   **2** 7개
> **3** 8가지   **4** 9가지

1 ❶ 곧은 선 모두 긋기:

  ❷ 삼각형은 10개가 만들어진다. → 삼각형에 △표
  ❸ (삼각형 10개의 꼭짓점 수의 합)
   =3+3+ … +3+3=30(개)
    └─ 10번 ─┘

2 ❶ 곧은 선 모두 긋기:

   삼각형에 △표 ◀
   사각형에 □표

  ❷ 삼각형은 10개, 사각형은 3개가 만들어진다.
  ❸ 삼각형은 사각형보다 10−3=7(개) 더 많이
   생긴다.

3 ❶ 막대 1개로 잴 수 있는 길이:
   1 cm, 2 cm, 5 cm
  ❷ 막대 2개로 잴 수 있는 길이:
   1+2=3 (cm), 2−1=1 (cm),
   1+5=6 (cm), 5−1=4 (cm),
   2+5=7 (cm), 5−2=3 (cm)
  ❸ 막대 3개로 잴 수 있는 길이:
   5+2+1=8 (cm), 5+2−1=6 (cm),
   5+1−2=4 (cm), 5−2−1=2 (cm)
  ❹ 막대로 잴 수 있는 길이는 모두 8가지이다.

4 ❶ 종이 1장으로 잴 수 있는 길이:
   2 cm, 3 cm, 4 cm, 6 cm
  ❷ 종이 2장으로 잴 수 있는 길이:
   2+6=8 (cm), 6−2=4 (cm),
   2+3=5 (cm), 3−2=1 (cm),
   4+6=10 (cm), 6−4=2 (cm),
   4+3=7 (cm), 4−3=1 (cm)
  ❸ 종이로 잴 수 있는 길이는 모두 9가지이다.

찐 천재님들의
거짓없는 솔직 후기

천재교육 도서의 사용 후기를 남겨주세요!

이벤트 혜택

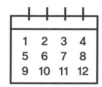

매월

100명 추첨

상품권 5천원권

이벤트 참여 방법

STEP 1
온라인 서점 또는 블로그에 리뷰(서평) 작성하기!

STEP 2
왼쪽 QR코드 접속 후 작성한 리뷰의 URL을 남기면 끝!

※ 상기 내용은 변동될 수 있으며, 자세한 내용은 QR코드 페이지를 참고해주세요.

정답은
이안에
있어!

수학 전문 교재

●연산 학습
빅터연산	예비초~6학년, 총 20권
창의융합 빅터연산	예비초~4학년, 총 16권

●개념 학습
개념클릭 해법수학	1~6학년, 학기용

●수준별 수학 전문서
해결의법칙(개념/유형/응용)	1~6학년, 학기용

●서술형·문장제 문제해결서
수학도 독해가 힘이다	1~6학년, 학기용
초등 문해력 독해가 힘이다 문장제 수학편	1~6학년, 총 12권

●단원평가 대비
수학 단원평가	1~6학년, 학기용

●단기완성 학습
초등 수학전략	1~6학년, 학기용

●상위권 학습
최고수준 S	1~6학년, 학기용
최고수준 수학	1~6학년, 학기용
최강 TOT 수학	1~6학년, 학년용

●경시대회 대비
해법 수학경시대회 기출문제	1~6학년, 학기용

국가수준 시험 대비 교재

●해법 기초학력 진단평가 문제집	2~6학년·중1 신입생, 총 6권
●국가수준 학업성취도평가 문제집	6학년

예비 중등 교재

●해법 반편성 배치고사 예상문제	6학년
●해법 신입생 시리즈(수학/영어)	6학년

맞춤형 학교 시험대비 교재

●열공 전과목 단원평가	1~6학년, 학기용(1학기 2~6년)

한자 교재

●해법 NEW 한자능력검정시험 자격증 한번에 따기	6~3급, 총 8권
●씽씽 한자 자격시험	8~7급, 총 2권
●한자전략	1~6학년, 총 6단계

수학 문제해결력 강화 교재

AI인공지능을 이기는 인간의 **독해력** + **창의·사고력** UP

수학도
독해가 힘이다

새로운 유형

문장제, 서술형, 사고력 문제 등
까다로운 유형의 문제를
쉬운 해결전략으로 연습

취약점 보완

연산·기본 문제는 잘 풀지만,
문장제나 사고력 문제를 힘들어하는
학생들을 위한 맞춤 교재

체계적 시스템

문제해결력 – 수학 사고력 –
수학 독해력 – 창의·융합·코딩으로
이어지는 체계적 커리큘럼

수학도 독해가 필수!
(초등 1~6학년/학기용)